EDGEWORKER

Leadership war gestern –
Es ist Zeit für die Führungs-(R)Evolution!

von

Nicola Nagel & Patrizia Servidio

next culture press

Impressum

Titel des Buches: Edgeworker
Autorinnen: Nicola Nagel & Patrizia Servidio
www.nextculture-organizations.org
Lektorat: Angelika Nürnberger, Kai Garrels, Katja Pischel, Martina Unger, Ralf Kolem, Marion Callahan
Covergestaltung: Janine Glas www.janineglas.de
Layout: Jennifer Junker www.roeser-media.de
Neuauflage: Februar 2015 von www.nextculturepress.org
Druck: www.finidr.cz
ISBN: 978-3-9814543-6-9
Ein Titeldatensatz für diese Publikation ist bei der Deutschen Nationalbibliothek erhältlich

Danksagung

Das vorliegende Buch wäre in dieser Form nicht entstanden, wenn wir nicht die Unterstützung von zahlreichen, wunderbaren Personen erfahren hätten, die dafür gesorgt haben, dass sich Puzzleteil an Puzzleteil gereiht hat. Diesen Menschen gebührt unser tiefster Dank.

Allen voran Clinton Callahan, der in uns das Feuer entfacht hat, für unsere Vision zu gehen, auch in Unternehmen und Organisationen eine nachhaltige und zukunftsfähige Kultur zu etablieren. Du hast uns überhaupt erst in die Lage versetzt, über den gewöhnlichen Rahmen hinaus zu denken und unsere Bestimmung in Aktion zu sein. Dein stetes Feedback und Coaching, die immer wiederkehrende Frage „Wann kommt endlich Euer Buch raus?“ und deine unermüdlichen, gleichzeitig auch liebevollen Tritte in den Hintern haben dazu geführt, dass wir uns regelmäßig auf selbigen gesetzt haben, um dieses Buch fertigzustellen. Unser größter Dank gilt dir als unser Trainer und Lehrer. Ohne dich wären wir heute nicht dort, wo wir sind und auch nicht die, die wir sind. Danke für deine Klarheit, deine Großzügigkeit, deine Nichtlinearität, dein großes Herz und deine Integrität.

Großer Dank gebührt auch Marion Callahan, die uns in allen Phasen des Buchschreibens und der Veröffentlichung feengleich mit ihrer Leichtigkeit, Unkompliziertheit und Begeisterung unterstützt hat. Es war eine große Freude und so einfach, gemeinsam mit dir dieses Buch in die Welt zu bringen. Danke für dein Feedback und deine Geduld, wenn wir gemeinsam auf der Suche nach dem stimmigsten Weg waren.

Angelika Nürnberger danken wir von Herzen für ihr piratenhaftes Co-Kreieren. Danke für deine Kreativität, deine Begeisterung und deinen Mut, die Farbenwerke Wunsiedel GmbH und MASTER TEC GmbH zu transformieren. Du bist für uns der Beweis, dass in der Businesswelt tatsächlich etwas anderes möglich ist. Danke für deine Bereitschaft, gemeinsam mit uns zu forschen, neue Wege zu gehen und andere Unternehmer zu inspirieren.

Wir danken unseren Lektoren Katja Pischel, Kai Garrels, Martina Unger und Ralf Kolem dafür, dass sie die Zeit gemacht haben, mit Begeisterung, Aufmerksamkeit und kritischem Blick unser Buch zu lektorieren. Euer Feedback und eure Hinweise waren Gold wert. Bezeichnend war, dass ihr alle sofort ein JA dafür ward, dazu beizutragen, neue Möglichkeiten in die Unternehmenswelt zu bringen. Ihr seid Pioniere und *Edgeworker*, die die gleiche Vision teilen, wie wir.

Nicht zuletzt gilt unser Dank allen, die uns auf verschiedenste Weise inspiriert und wertvolle Hinweise und Erfahrungen mit uns geteilt haben.

Das Entstehen dieses Buches war großartige Teamarbeit der nächsten Kultur: inspirierend, füreinander, in echter Co-Kreation. Harbigarrr!

Inhaltsverzeichnis

Vorwort **11**

Einführung **18**

Kapitel 1:
Der Status Quo – Managementkultur in gewöhnlichem Kontext **23**
Hierarchie produziert gewöhnliche Manager **26**

Kapitel 2:
Zeit des Übergangs **33**

Kapitel 3:
Erzeugen eines neuen Kontextes **43**
Den kulturellen Kontext zu verändern, bedeutet, eine parallele Kultur zu entwickeln **45**
Matrixaufbau und Boxtechnologie **53**
Risiken und Nebenwirkungen: Der Flüssigzustand **58**

Kapitel 4:
Edgeworker ermöglichen ein neues Spiel **65**
Spielwelten **65**
Die Spielwelt nähren und vergrößern **66**
Box-Orientierung versus Bestimmungs-Orientierung **69**
Die drei Arten des Spiels **72**
Bewusstheit über die Unterwelt **80**
Geschichten erzeugen Realität **85**

Kapitel 5:
Edgeworker sorgen für eine tragfähige Feedback-Kultur **89**

Kapitel 6:
Edgeworker nutzen bewusst und verantwortlich ihre Gefühle **99**
Die Energie und Information der 4 Grundgefühle **99**
Das Herabsetzen der Taubheitsschwelle **106**
Gefühle in Change-Prozessen **109**
Exkurs: Vermischung von Gefühlen und deren Folgen **112**

Kapitel 7:
Edgeworker sind zentrierte Raumhalter ... 117
Angepasstes Verhalten versus Zentriert sein ... 117
Raumhalten ... 121

Kapitel 8:
Edgeworker kommunizieren beziehungsfördernd ... 127
Die vier Arten des Zuhörens ... 128
Die sechs Arten des Sprechens ... 135
Kommunikation und Vollendungsschleife ... 140
Die 12 Straßensperren in der Kommunikation ... 143
Next Culture Unternehmenskommunikation ... 146

Kapitel 9:
Edgeworker sehen Probleme und Konflikte als Gelegenheiten ... 157
Problembesitztum ... 157
Konflikte als Möglichkeit ... 161

Kapitel 10:
Edgeworker hinterfragen vorherrschende Strukturen ... 165
Die Notwendigkeit, Regeln zu brechen ... 165
Das Entstehen einer Bewegung durch das Erzeugen von Legenden ... 168
Next Culture Personalentwicklung ... 171

Kapitel 11:
Abschluss und Ausblick ... 179

Index der Abbildungen ... 185

Index der Landkarten ... 185

Quellenverzeichnis ... 186

Index der Schlüsselwörter ... 187

Vorwort

Es begann vor ziemlich genau zwei Jahren, als ich den außergewöhnlichen Kontext des Possibility Managements kennenlernte. Ich besuchte ein Training, das mir ein Freund meines Vaters empfohlen hatte, da dieser Freund der Ansicht war, dass dieses Training für mein zu dieser Zeit aktuelles Thema sicher hilfreich sein würde. Damals war ich komplett erschöpft oder wie man heute gerne sagt, ich hatte Burnout. Es war kein gewöhnliches Seminar, das ich besuchte, sondern ein spezielles Training, nämlich das *Expand The Box* Training mit Nicola Nagel als Trainerin. Im Unterschied zu einem gewöhnlichen Seminar – das war sofort klar – war die Trainerin Teil der Gruppe. Sie stand nicht 3 Tage lang vorne, um den Teilnehmern ein Dogma einzutrichtern und zu erklären, wie Dinge zu sein hatten oder wie wir leben sollten. Sie selbst brachte sich als verletzlicher Mensch ein und teilte Dinge aus ihrer persönlichen Erfahrung – sie war komplett authentisch. Schon dadurch erhielt ich erste Unterscheidungen: Ein Possibility Management Training ist nicht hierarchisch. Die Menschlichkeit steht im Vordergrund und es besteht echter Kontakt und Nähe zum Trainer. Anders als bei gewöhnlichen Seminaren, die ich kenne: Dort steht der Leiter als Autorität vorne, die den brav auf Stühlen sitzenden Teilnehmern sagt, was sie in Zukunft anders machen sollen. Alleine dadurch wird bereits Hierarchie gelebt. Anstatt Nähe entsteht in gewöhnlichen Seminaren Distanz.

Vor allem aber ist das Ergebnis ein anderes. Bis dahin hatte ich schon viele Seminare zu den unterschiedlichsten Themen in meinem Leben besucht, die mich weiterbringen sollten. Doch meistens konnte ich nach einigen Tagen den Inhalt schon nicht mehr wiedergeben, geschweige denn nach einigen Wochen. Irgendwann wusste ich meist nur noch, ob es ein „gutes“ oder „schlechtes“ Seminar war.

Nach drei Tagen *Expand The Box* Training hatte ich hingegen so viel gelernt, wie in den letzten 20 Jahren, ja vielleicht sogar in meinem ganzen Leben, nicht. Viele der neuen Möglichkeiten habe ich heute noch präsent. Sie sind in meinem Körper verankert und haben sich tief eingeprägt. Bereits am ersten Tag nach dem Training begann ich, die neuen Möglichkeitsgeschenke – so empfinde ich sie – anzuwenden. Plötzlich war ich frei im Kopf, einen unüblichen Weg zu beschreiten. Burnout war schnell kein Thema mehr. Auch in unserem über 100-jährigen Familienunternehmen fand dieser Weg damals seinen Anfang. Seitdem begleitet Nicola Nagel mich in weiteren Trainings und unser Unternehmen in Workshops mit den unterschiedlichsten Gruppen.

Was habe ich persönlich davon? Mit Possibility Management komme ich nicht mehr an mir selbst vorbei. Es gibt kein Hintertürchen mehr, das verhindert, endlich zu beginnen, mich wirklich zu verändern, erwachsen zu werden und somit radikale Verantwortung zu leben, privat und auch in unserem Unternehmen. Sich zu ändern geht natürlich nicht von heute auf morgen und es darf auch langsam gehen. Schließlich geht es nicht um Revolution – wie der Buchtitel schon verrät – sondern eher um Evolution. Sicher ist es nicht das Ziel, perfekt zu sein. In unserem Unternehmen sind wir nicht perfekt. Diesen Anspruch haben wir auch nicht, denn Perfektionismus ist nichts Natürliches, sondern etwas, das Druck erzeugt und Leichtigkeit nimmt. Wir befinden uns auf einem Weg, den wir bereits unbestritten ein ganzes Stück beschritten haben und können nicht mehr zurück … Richtungsänderungen ausgenommen, denn flexibel möchten wir bleiben.

Was hat sich für unser Unternehmen bisher konkret geändert?

Der erste große Schritt war der sogenannte *Aufgabenpool*. Wir hatten einige Zeit damit verbracht, einen neuen Leiter der Materialwirtschaft zu finden, jedoch erfolglos. Heute bin ich sehr froh darüber, denn dadurch wurde folgende Frage an das bisherige Team der Materialwirtschaft möglich: „Kann sich jemand vorstellen, die volle Verantwortung für alle Leiter-Aufgaben dieses Bereiches zu übernehmen?“ Eine Kollegin gab damals die Schlüsselantwort, indem sie sagte: „Für **alle** Aufgaben nicht.“ Da machte es klick und die nächste Frage lag mir auf der Zunge: „Für **einzelne** Aufgaben könnten Sie sich vorstellen, die volle Verantwortung zu übernehmen?“

Mit dieser Frage im Gepäck begaben wir uns gemeinsam mit Nicola Nagel auf eine neue Reise. Das 9-köpfige Team der Materialwirtschaft wurde in einem ersten Gespräch aufgefordert, sich zwei Wochen lang einmal mit sich und ihren Aufgaben in der Materialwirtschaft zu beschäftigen. Jeder erhielt grüne und rote Karten. Auf diese Karten sollte jeder diejenigen Aufgaben schreiben, die er gerne auch in Zukunft machen würde. Dabei wurde jeweils unterschieden, ob es sich um eine Aufgabe handelte, die derjenige mit voller Verantwortung ausüben wollte, oder bei der er unterstützend tätig sein wollte. Grüne Karten konnten auch Aufgaben beinhalten, die bisher ein anderer Kollege ausgeführt hatte. Wir gingen noch weiter und fragten, ob jemand möglicherweise auch Aufgaben aus einem anderen Bereich voll- oder teilverantwortlich übernehmen würde. Es war gleichermaßen in Ordnung, wenn sich jemand die Übernahme einer Aufgabe eines bisherigen Vorgesetzten in einem anderen Bereich wünschte. Zudem wurde der Widerstand in Bezug auf die Aufgaben gemessen, die auf den roten Karten standen. Wir wollten es einfach wissen. Gab es tatsächlich Aufgaben, welche die Farbenwerkler erledigten und die sie eigentlich nicht gerne taten, ja sogar hassten wie die Pest?

Alle Türen standen offen, alles war möglich. Es gab sogar die Option, die Abteilung komplett zu wechseln oder ganz authentisch zu der Erkenntnis zu gelangen, das falsche Leben zu leben und lieber nicht mehr in den Farbenwerken arbeiten zu wollen.

So saßen wir mit jedem Team zusammen und nahmen in einer immer größer werdenden Excel-Liste alle Wünsche und Widerstände auf. Irgendwann war klar, dass wir nicht mehr zurück konnten. Das Thema betraf einfach die gesamte Belegschaft und so wurden alle gut 90 Mitarbeiter im Jahr 2013 in kleinen Runden mit maximal 10 Leuten Schritt für Schritt eingebunden. Und dann? Ist das große Chaos entstanden? Nein, denn viele Mitarbeiter wollten nur kleine Änderungen, etwa eine zusätzliche Aufgabe in einem anderen Bereich, oder einzelne Aufgaben von ihren Vorgesetzten. Es gab auch Mitarbeiter, die äußerten, genau dieselben Aufgaben weiter machen zu wollen. „Ich bin angekommen", sagte eine Kollegin.

Bereits zu Beginn des Aufgabenpools hatte ich nicht versprochen, dass wir kurzfristig alles ändern können, doch dass ich alles daran setzen werde, damit mittelfristig (in ca. 3 Jahren) viele Aufgaben neu verteilt sind. Darüber hinaus soll dieser Prozess der Aufgabenverteilung dauerhaft beibehalten werden, sei es wenn neue Mitarbeiter in das Unternehmen eintreten und/oder Mitarbeiter das Unternehmen verlassen. Bemerkenswert ist, dass die Dokumentation des Aufgabenwechsels zwar aufwändig ist, das System sich jedoch von Anfang an selbst organisiert hat und vielfach sofort neu gelebt wurde.

Ebenso haben wir unser Ideen-Management verändert. Bisher gab es dafür eine Organisation, die hierarchisch aufgebaut war: Ein Einreicher gab den Vorschlag in das System ein, ein Gutachter prüfte den Eintrag und eine sogenannte Kommission entschied über den Vorschlag, wohlmeinend und mit dem Versuch, den Einreicher einzubeziehen. Dieses System hinkte jedoch, weil die Motivation der Beteiligten nicht stimmte. Ich war Teil der Kommission und habe oft unsere Sitzungen nach hinten geschoben, weil immer wieder etwas anderes dringlicher war. Da ich mich bei vielen Themen nicht im Detail auskannte und es mir Mühe machte, diese Details zu recherchieren und zu verstehen, hatte ich unbewusst längst einen Widerstand gegen diese Aufgabe aufgebaut, zumal ich ein schlechtes Gewissen hatte, ob der vielen offenen Entscheidungen von Vorschlägen.

Unser neues Ideen-Management gibt es nun ein halbes Jahr. Es ist vollkommen hierarchielos! Ein Vorschlag wird eingereicht und jeder, der Interesse an diesem Thema hat und entsprechend Verantwortung dafür übernehmen möchte, trägt sich in eine Liste ein, ganz gleich welcher Hierarchie er im sonstigen Farbenwerksleben angehört. Diese 4 oder 5 Kollegen sind dann Gutachter, Kommission und Umsetzer der Idee zugleich. Sie entscheiden einstimmig und haben ein Budget von 1.000 EUR für jeden Vorschlag. Klingt das verrückt? Vielleicht für den ein oder anderen Leser. Fakt ist, dass wir viel mehr Vorschläge entschieden und umgesetzt haben als vor Einführung dieses Vorschlagswesens, das übrigens – wen wundert es – von einem Team von Mitarbeitern entwickelt wurde, das genau darauf Lust hatte; Lust darauf, die Verantwortung für ein besser funktionierendes Vorschlagswesen zu übernehmen.

Dank des Possibility Management Kontextes und den gewonnenen Fähigkeiten wage ich es in den Farbenwerken fast täglich, unsere Haltung zu diversen Aspekten unseres Arbeitslebens zu überprüfen. Hier einige Beispiele: Möchten wir wirklich weiterhin Geschenke an unsere Kunden machen, die nicht fair hergestellt wurden? Wie sieht es mit dem Kaffee aus, den wir unseren Gästen anbieten? Wie können unsere Leistungsbeurteilung, die jährlichen Mitarbeitergespräche und die Art der Prämien zukünftig aussehen? Ist die Art, Entscheidungen zu treffen noch stimmig? Und wie möchten wir mit unseren Kunden und Lieferanten und auch innerhalb des Unternehmens miteinander umgehen, wie miteinander kommunizieren? Die Absicht, die dahinter steckt, ist immer dieselbe: Es geht darum, radikale Verantwortung zu leben und fein zu erspüren, was gerade stimmig ist und was nicht.

Was genau ist das überhaupt VER-ANTWORT-UNG? Es bedeutet für mich, eine Antwort als erwachsener Mensch zu geben und dafür die Konsequenzen zu tragen; so würde ich es heute beschreiben. Dazu gehört auch, dass wir in den Farbenwerken eine neue Sprache sprechen. Wir beginnen, uns echtes, aufrichtiges Feedback zu geben. Dazu gibt es ein Possibility Management Training, in der jeder die Sprache der Gefühle erlernen kann und ein neues Verständnis von Feedback bekommt. Das Ziel dabei ist, dass jeder jedem auf verantwortliche Weise sagt, was funktioniert und vor allem auch, was nicht funktioniert, ohne das Gegenüber zu verletzen. Mich macht es glücklich zu sehen, dass einige Kollegen schon damit arbeiten und auch mir bereits echtes Feedback geben, aus dem ich lernen kann. Und was passiert so nebenbei? Wir kommen uns näher, weil wir authentisch kommunizieren.

Mittlerweile haben schon zahlreiche Mitarbeiter das *Expand The Box* Training besucht und damit erste Kernfertigkeiten eines *Edgeworkers* erlernt. Es gibt bereits ein Team von Kollegen, das sich einmal im Monat trifft, um Möglichkeiten **füreinander** zu schaffen. Stellen Sie sich das vor! Ich bin Teil dieses Teams und wir erschaffen Möglichkeiten für jeden Einzelnen, mal für ein berufliches Thema, mal für ein privates Thema. Das Unglaubliche ist: Jeder nimmt aus dieser Runde mindestens ein Möglichkeiten-Geschenk an jedem dieser Abende mit nach Hause und wir kommen uns näher.

Als wir vor zwei Jahren damit begannen, dachte ich, dass unsere Mitarbeiter alle Aufgaben selbstverständlich gerne machen – wie sehr habe ich mich getäuscht! Und wie froh bin ich heute, dass all diese Fragen in einem Kontext von Vertrauen, Sicherheit und Offenheit in einer Form beantwortet wurden, dass wir wirklich etwas verändern konnten! Für das Vertrauen und den Mut, offen zu sagen, wo und wie sie gerne arbeiten möchten, bin ich allen Mitarbeitern dankbar.

Wir sind ein Unternehmen, das heute 110 Jahre alt ist. Viele Strukturen haben sich innerhalb dieser langen Zeit gefestigt und dennoch war es möglich, diesen neuen Weg zu beschreiten. Wir sind noch lange nicht am Ende. Und wir sind uns vollkommen darüber bewusst, dass wir nicht wissen, wie ein Ende aussehen könnte und ob der Prozess nicht ein unendlicher ist ... Das Gute dabei ist: Durch dieses Nicht-Wissen ist der schöpferische Prozess erst möglich. Genau dieses kreative Miteinander-Spielen, hat uns als Kinder schon so viel Spaß gemacht. Warum erlauben wir uns das Spiel als Erwachsene nicht mehr? Weil unsere gegenwärtige Gesellschaft es sich nicht zugesteht, spielerisch, auf leichte Art Herausforderungen anzugehen. Die Farbenwerke beginnen, noch mehr zu spielen als bisher.

Was nun aber vor allem möglich ist, geht tiefer: mehr Leichtigkeit, Ermächtigung der Mitarbeiter, Treffen von erwachsenen Entscheidungen, Vertrauen, Lust auf volle Verantwortung, authentische Kommunikation, Nähe und Verbundenheit.

Seit einigen Monaten spüre ich, dass ich nicht mehr Geschäftsführerin sein möchte, denn dieser Titel schränkt mich ein. Er ist hierarchisch angelegt. Viel lieber möchte ich Possibility Managerin sein: Jemand, der Möglichkeiten sucht, einen Raum hält für das gesamte Unternehmen, für alle Bereiche Ansprechpartner und Sparringspartner ist, wichtige Kontakte schafft und ein Netzwerk entstehen lässt. Dies sind sicherlich viele Aufgaben, die eine Geschäftsführerin erledigt, doch der Kontext ist ein völlig anderer. So werden meine neuen Visitenkarten meinen neuen Titel tragen.

Was mich als Privatmensch betrifft, so spüre ich eine Veränderung auch in mir. Ich habe den unverantwortlichen Teil in mir endlich besser im Griff, bin weniger jammernd und undiszipliniert. Und auch mit meinen Engsten, meinem Mann und seinen Kindern, meinen Eltern und Freunden, habe ich ganz andere Möglichkeiten, um Ihnen nahe zu sein, um nicht abzudriften und in Diskussionen Positionen zu beziehen. Es geht auch hier um verantwortliches Füreinander, Miteinander, verantwortliches Grenzensetzen. Ob mir das immer gelingt? Nein, immer nicht. Die Familie ist für mich der herausfordernste Trainingsort. Doch es gelingt mir immer öfter, was mich sehr glücklich macht. Ich empfinde viel mehr Freude am Leben als vor zwei Jahren. Das ist die gute Nachricht. Und die andere: Es braucht Mut, Absicht und Anstrengung, die Herausforderung, sich selbst zu ändern, wirklich anzunehmen.

Allen Possibility Managern, die mich bisher auf meinem Weg unterstützt haben, allen voran Nicola, bin ich tief dankbar. Ihr seid mir Freunde geworden. Spielerisch füreinander zu arbeiten, ist für mich immer noch außergewöhnlich und dauernder Anlass zur Freude. Die Trainings, die ihr gebt, bei denen ihr alles gebt für die Teilnehmer, kann ich nicht anders einordnen als einen Dienst an der Menschheit!

Eurem Buch *Edgeworker* wünsche ich, dass es so viele Menschen wie möglich erreicht, die so damit arbeiten, dass es Eselsohren bekommt und viele Möglichkeiten tatsächlich gelebt werden.

Jedem Leser empfehle ich, tatsächlich auch ein Training zu besuchen, denn ein Buch zu lesen ist das eine, es tatsächlich auszuprobieren, zu üben, zu erfahren, ist eine andere Sache.

Durch *Edgeworker,* da bin ich mir sicher, wird jeder Leser inspiriert, Möglichkeiten zu finden auf einem neuen Weg, der Abenteuer, Freude, Humor, Ermächtigung, Vielfalt, Kreativität, Nähe, Verbundenheit und Verantwortung mit sich bringt ...

Angelika Nürnberger
Geschäftsführerin der
Farbenwerke Wunsiedel GmbH & MASTER TEC GmbH
Dezember 2014
www.farbenwerke.de

Einführung

Es ist nicht mehr zu leugnen, dass ein Richtungswechsel in Unternehmen dringend notwendig ist. Die Welt ist im Wandel begriffen. Die klassische, hierarchische und auf Profit fokussierte Unternehmensführung entpuppt sich mehr und mehr als selbstmörderisches Paradigma. Das Festhalten an bisher bekannten, starren Strukturen erweist sich als nicht zielführend. Die Mitarbeiter sind am Anschlag, die Burnout-Rate steigt, der Konkurrenzkampf ist unerbittlich geworden und Topmanager werden regelmäßig abgesetzt. Gleichzeitig sorgt dieser schnelle Wandel dafür, dass die Dinge immer komplexer werden. Es ist wie ein riesiger Spagat, den die Firmen zu meistern versuchen, der jedoch zunehmend schmerzhaft und nicht haltbar ist.

Obwohl es eine große Anzahl an Management-Strategien und -Methoden gibt, die in Büchern und Seminaren propagiert werden, hat sich bisher kein nachhaltiger Erfolg eingestellt. Der Grund dafür liegt unter anderem darin, dass die meisten Bücher versuchen, neue Methoden in dem altbekannten, gewöhnlichen Kontext anzuwenden. Das funktioniert jedoch nur bedingt und führt in den wenigsten Fällen zu tragfähiger, langanhaltender Veränderung.

Die aktuellen Umstände verlangen vielmehr eine Evolution der Managementkultur, eine Weiterentwicklung der Firmenkultur, Klarheit, Präsenz, erweiterte Fertigkeiten und Verantwortungsbewusstsein der Mitarbeiter sowie eine neue, kreative und tragfähige Zusammenarbeit von Einzelpersonen und Abteilungen. Zukunftsfähig werden jene Unternehmen sein, die nicht nur mit technischen, nachhaltigen Neuheiten aufwarten, sondern in erster Linie bereit sind, alte Verhaltens-, Kommunikations- und Denkmuster über Bord zu werfen und sich vollständig neu auf Nachhaltigkeit auszurichten. Doch wie kann so etwas konkret aussehen? Wie ist es möglich, das Ruder herumzureißen?

Es beginnt mit einer neuen Generation von wahren Führungspersonen, wahren Leadern. Da die Worte Manager, Leader und Führer aber bereits veraltet und abgegriffen sind und darüber hinaus eine bekannte Art des Führens implizieren, haben wir uns entschieden, im Folgenden den Begriff *Edgeworker* zu verwenden. Wir haben bewusst einen Begriff gewählt, der bisher noch nicht im Unternehmenskontext benutzt wird, damit die Möglichkeit besteht, ihn mit einer neuen, nützlicheren und tragfähigeren Bedeutung zu füllen.

Edgeworker sind keine klassischen Führungskräfte oder Manager, die in der Hierarchie möglichst weit oben stehen. *Edgeworker* sind eine neue Generation von Menschen, die bereit sind, radikale Verantwortung zu übernehmen, Risiken einzugehen und Unternehmen komplett neu zu gestalten. Es sind kühne Forscher, die den Mut haben, unbekanntes Gebiet zu betreten. Sie sind insofern *Edgeworker*, also Randarbeiter, als dass sie es sich nicht in ihrer eigenen Komfortzone bequem machen, sondern wie Pioniere am Rande ihrer persönlichen Komfortzone und der des Unternehmens agieren und sogar bereit sind, über diesen Rand hinaus zu gehen. Damit befinden sie sich gleichzeitig auch am Rande der gewöhnlichen Mainstream-Kultur. *Edgeworker* sind Menschen, die die Notwendigkeit erkennen, einen Paradigmenwechsel vorzunehmen, weg von reiner Wertschöpfung und Profit hin zur Wertschätzung der Mitarbeiter, ihres Potenzials, konstruktiver Unternehmensprinzipien und der Erde.

Das vorliegende Buch behandelt die Eigenschaften und Kernfertigkeiten dieser *Edgeworker*, die über das bisher bekannte Leadership weit hinausgehen. Eine tragfähige Neuausrichtung und -strukturierung von Unternehmen kann nur auf der menschlichen Ebene beginnen. Bevor auch nur ansatzweise über neue Unternehmensmodelle gesprochen werden kann, ist es entscheidend, die Grundlage dafür bei den Mitarbeitern zu schaffen. Der Versuch, ein Unternehmen neu zu gestalten und auszurichten, ohne zunächst die Führungskräfte und Mitarbeiter auf eine neue Ebene des Bewusstseins in Bezug auf Kommunikation, Denken und Handeln zu bringen, ist zum Scheitern verurteilt.

Der Inhalt und die Erkenntnisse dieses Buches basieren maßgeblich auf dem Kontext des Possibility Managements, das von Clinton Callahan begründet wurde. Possibility Management ist dabei keine Methode oder Strategie. Es handelt sich vielmehr um innovative Soft Skills, Fertigkeiten und Unterscheidungen, die Sie in die Lage versetzen, Ihr Potenzial freizusetzen und dadurch neue, ungewöhnliche Möglichkeiten für sich selbst und Ihr Umfeld zu generieren. Die darin enthaltenen Werkzeuge entwickeln sich durch ihre Anwendung fortlaufend weiter, so dass Sie auch in einem sich ständig verändernden Umfeld nachhaltig agieren können. Possibility Management ist darüber hinaus darauf ausgerichtet, Sie zu ermächtigen, Ihre Bestimmung in Aktion zu sein. Neben vielen neuen Unterscheidungen enthält es zudem Aspekte aus anderen bekannten Lehren, wie z. B. der Transaktionsanalyse von Dr. Eric Berne und Dr. Stephen Karpman.

Dieses Buch ist für Sie, wenn Sie die Notwendigkeit für Veränderung in Unternehmen sehen und die Vision in sich tragen, dass eine völlig andere Form der Zusammenarbeit möglich ist. Es ist für Personen, die bereit sind, Risiken einzugehen und sich in unbekanntes Gebiet zu begeben, um neue Formen der Kommunikation, des Denkens und des Handelns in Organisationen zu etablieren. Die Absicht dieses Buches ist es, Ihnen Impulse zu geben und Sie zu inspirieren, die Führungs-(R)Evolution in Ihrer Organisation, oder wo auch immer Sie sich bewegen, einzuleiten. Es ist an der Zeit, dass Sie Stellung beziehen und Ihrer Inspiration folgen, um sich selbst, Ihr Team und Ihr Unternehmen vorwärts zu bringen und den Wechsel in die nächste Kultur zu vollziehen. Die Welt braucht authentische *Edgeworker*, die vorausgehen und radikale Verantwortung übernehmen. Die Welt braucht SIE! Unsere Absicht ist es, Ihnen eine erreichbare Vision zu vermitteln, wie Führung in Zukunft aussehen könnte, um neue Resultate zu erzielen. Diese Führung geht weit über das normale, bekannte Leadership hinaus und hat nichts mehr mit Führung im hierarchischen Sinne zu tun.

Einige Leser werden dieses Buch lieben, andere werden es kritisieren. Wir sind uns dessen bewusst. Dieses Buch ist weder eine wissenschaftliche, auf logischen Zahlen basierende Studie, noch eine Harvard Business School Master Thesis. Genauso wenig repräsentieren die Inhalte und Ideen ein Dogma.

Dieses Buch enthält vielmehr Zündstoff in Form von Unterscheidungen, Klarheit und neuen Möglichkeiten. Es kann einen Prozess in Gang bringen. Seien Sie daher nicht überrascht, wenn Sie während des Lesens etwas fühlen, wie z. B. Wut, Angst, Traurigkeit oder Freude. Das ist kein Grund zur Besorgnis. Im Gegenteil, es zeigt Ihnen einfach, dass Sie lebendig sind. Sie werden am meisten von diesem Buch profitieren, wenn Sie es schrittweise lesen, und den einzelnen Unterscheidungen Zeit zum Verdauen geben. Vielleicht müssen Sie einzelne Passagen sogar mehrmals lesen, bis die darin enthaltenen Möglichkeiten einen Weg in Ihr System finden. Darüber hinaus laden wir Sie ein, die Unterscheidungen und Aspekte dieses Buches für sich kritisch zu prüfen, mit Ihrer Erfahrungswelt abzugleichen und erste Experimente durchzuführen. Erlauben Sie sich, wie ein Entdecker mit Abenteuergeist die neuen Möglichkeiten, die in diesem Buch enthalten sind, zu erforschen.

Sind Sie noch da? Haben Sie das Buch noch nicht zugeklappt und weggelegt? Prima, dann sind Sie möglicherweise ein *Edgeworker*.

Sind Sie bereit für die Führungs-(R)Evolution?

Kapitel 1:

Der Status Quo – Managementkultur in gewöhnlichem Kontext

Um ein gemeinsames Verständnis zu schaffen, ist es sinnvoll, zunächst einen Blick auf die derzeit gängige Meinung in Bezug auf Leadership und Management zu werfen, und zu betrachten, in welchem Kontext diese steht.

Es gibt vielfältige Vorstellungen darüber, wie eine Führungsperson zu sein hat. Diese Vorstellungen sind in der Regel geprägt durch die gegenwärtige, westliche Kultur, selbst wenn Sie sich dessen nicht bewusst sind. Die derzeitige Managementkultur basiert auf zwei grundlegenden evolutionären Entwicklungen, deren Beginn schon hunderte von Jahren zurückliegt:

1. dem Patriarchat und
2. der industriellen Revolution.

Die Kultur des Patriarchats oder auch der Herrschaftskultur, wie Dr. Robert Gilman in seinem Vortrag *What time is it?* die aktuell noch vorherrschende evolutionäre Entwicklungsstufe nennt, ist geprägt durch hierarchische Strukturen, die auf Konkurrenz und Wettkampf in Bezug auf Ressourcen und Macht basieren. Die Abbildung *Historischer Abriss der verschiedenen Zeitalter* von Dr. Robert Gilman zeigt, wo sich die Gesellschaft aktuell befindet.

In der gegenwärtigen Gesellschaft dreht es sich immer noch permanent darum, wer das meiste Geld bekommt, das beste Stück Land gewinnt, die höchste Position ergattert, den meisten Profit erzielt und das größte Kuchenstück erhält. Da die Ressourcen jedoch begrenzt sind, kann nur ein kleiner Teil der Bevölkerung diese bekommen, nämlich der Teil, der am meisten Macht oder Geld besitzt. Durch diese Haltung wurde die Bevölkerung in zwei Klassen aufgeteilt.

Die herrschende Klasse wird beispielsweise von ca. 10% der Bevölkerung repräsentiert, die über 85% des weltweiten Vermögens verfügt. Obwohl der Beginn der Herrschaftskultur bereits sehr lange zurückliegt und in weiten Teilen der westlichen Welt Demokratie gelebt wird, ist dieses Muster auch heute noch in den Organisationsstrukturen in der Form erkennbar, dass in Unternehmen eine pyramidenförmige Hierarchiestruktur vorherrscht. Zwar haben sich im Laufe der Jahrhunderte die Bedingungen für die weniger vermögende, arbeitende Bevölkerung enorm verbessert, gleichzeitig ist jedoch genau das auch der Grund, warum sich die meisten Menschen in der Regel über den Ursprung der aktuellen Managementkultur nicht mehr bewusst sind. In der gegenwärtigen Gesellschaft sind die Strukturen und das Paradigma der Konkurrenz so normal und selbstverständlich, dass sie über jeden Zweifel erhaben scheinen, und gar nicht in Frage gestellt wird, ob diese irgendwann nicht mehr funktionieren könnten.

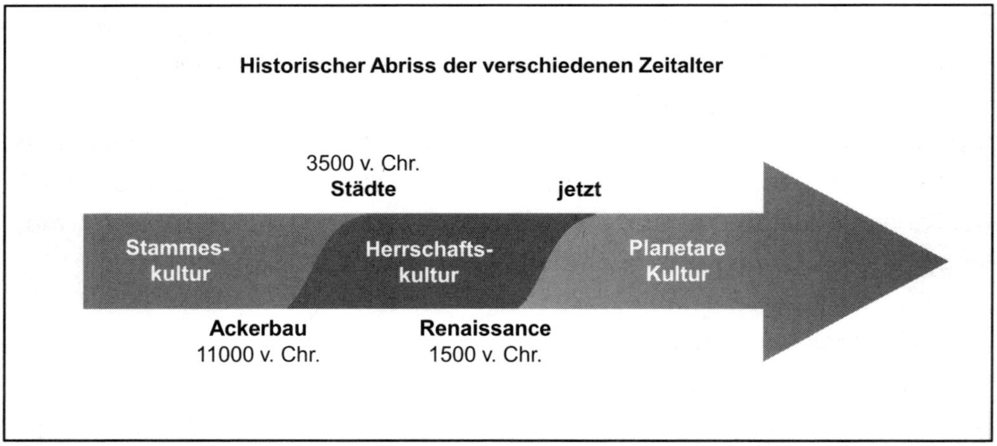

Abbildung 1: Historischer Abriss der verschiedenen Zeitalter, Dr. Robert Gilman

(Quelle: What time is it?, Dr. Robert Gilman)

Die zweite ausschlaggebende Prägung der heutigen Managementkultur fand durch die industrielle Revolution statt. Der Fokus unternehmerischen Handelns liegt seit den Anfängen der Industrialisierung Mitte des 18. Jahrhunderts auf Produktivität und Effizienzsteigerung. Produktionsprozesse wurden in kleinste Einheiten zerstückelt, in vielen Prozessschritten wurde die menschliche Arbeit durch Maschinen ersetzt und Menschen wurden genau wie andere Industriegüter als Ressource und Kapital gesehen. Dies spiegelt sich heute noch in gängigen Begriffen wie Human Resources und Human Capital wieder. Auch hier hat sich durch die Arbeiterbewegung sicherlich vieles weiterentwickelt, dennoch bleibt weiterhin die Grundannahme „Mensch = Kapital" in diesem Kontext bestehen.

Dieses Kapital, und auch andere Aspekte wie Status, Position, Macht, Wissen, Prestige usw. werden als Dinge betrachtet, die monetär und/oder ideell bewertet werden und dadurch entsprechend gewonnen oder verloren werden können. Dies führt zu menschlichen Interaktionen, die einem Spiel gleichzusetzen sind, das einen bestimmten Zweck verfolgt.

Das Spiel, das in der vorherrschenden Managementkultur und dem gewohnten Kontext hauptsächlich gespielt wird, lautet: ICH GEWINNE – DU VERLIERST. Wie bereits erwähnt, handelt es sich um ein auf Wettkampf und Mangel basierendes Spiel: Es gibt nicht genug Führungspositionen, Anerkennung, Gehalt, Kunden, Aufträge, Beförderungen, Boni, Sozialleistungen etc. Deswegen erscheint es sinnvoll, in Konkurrenz zu treten und sich zu behaupten. Es ist das beliebteste und bekannteste Spiel in Unternehmen und generell auf diesem Planeten.

LANDKARTE DER 3 ARTEN VON SPIEL – TEIL 1

1. **ICH GEWINNE – DU VERLIERST**
   - Basiert auf Wettkampf und Konkurrenz
   - Geht von einem Mangel an Ressourcen aus
   - Das Ziel lautet: Ich gewinne. Wenn ich die Ressourcen bekomme, stirbst du, und wenn du die Ressourcen bekommst, sterbe ich
   - Mein Überleben hängt davon ab, dass ich gewinne
2. …
3. …

Landkarte 1: Drei Arten von Spiel – Teil 1

So entstand das Paradigma des fortwährenden Wachstums durch Wettbewerb, Kampf und Konkurrenz, auf dem das gesamte heutige Wirtschaftssystem basiert, kurzum: Hierarchie (Herrschaft) und Produktivitätssteigerung. Genau das ist die Managementkultur, in der Unternehmen, Manager und Mitarbeiter heutzutage ihre Arbeit verrichten und dabei versuchen, sich zu behaupten; die bekannte Normalität also. Doch welche Art von Führungskräften hat diese vorherrschende Managementkultur hervorgebracht?

Hierarchie produziert gewöhnliche Manager

Manager in Organisationen mit hierarchischen Strukturen folgen durch den Einfluss der vorherrschenden Managementkultur ganz bestimmten Mustern. Es ist nicht gut und nicht schlecht, Mustern zu folgen. Es produziert lediglich bestimmte Ergebnisse.

Im Folgenden geht es zunächst um die Eigenschaften von herkömmlichem Management bzw. Managern. Dabei ist es unerheblich, ob es sich um unteres, mittleres oder Topmanagement handelt. Gleichermaßen irrelevant ist es, ob eine entsprechende Person das Wort Manager selbst im Titel trägt oder nicht. Die folgenden Ausführungen treffen sicherlich nicht pauschal auf **alle Personen** in Manager-Positionen zu. Es geht vielmehr um die **Rolle** des Managers, die durch die Hierarchie erzeugt wird.

Um direkt mit der Tür ins Haus zu fallen: Hierarchie produziert keine Führungskräfte, sondern gewöhnliche Manager. Was bedeutet das?

Hierarchie verleiht Managern grundsätzlich dadurch Autorität und Macht, dass sie offiziell eine höhere Position bekleiden als andere Mitarbeiter. Macht ist nicht per se negativ, jedoch wird diese vielfach missbräuchlich genutzt, um Mitarbeiter zu kontrollieren, zu manipulieren und sogar zu degradieren, anstatt sie zu ermächtigen. Übersetzt heißt das Motto in Unternehmen: Ober sticht Unter. Der Vorgesetzte hat das letzte Wort. Besser die Mitarbeiter hören auf ihren Chef, Teamleiter, Abteilungsleiter, Vorstand etc. und tun, was er sagt, sonst könnte es möglicherweise passieren, dass sie eine Abmahnung kassieren und ihren Job riskieren.

Bei herkömmlichem Management liegt der Fokus darauf, menschliche Ressourcen subtil oder offensichtlich zu manipulieren, damit bekannte und im Vorfeld definierte Jobs erledigt werden. Da Produktivitätssteigerung die oberste Maxime ist, versuchen Manager vorgegebene Prozesse mit dem Ziel zu leiten, diese so schnell, billig und effektiv wie möglich zu gestalten. In neuen Situationen versuchen sie in der Regel bekannte und bewährte Konzepte anzuwenden. Manager **re**-agieren damit lediglich auf äußere Einflüsse.

In seiner Rolle muss ein Manager keinen Wandel herbeiführen, denn das wird nicht als Teil seiner Aufgabe erachtet. Der Job des Managers besteht darin, Aufgaben zu erledigen oder zu delegieren und Zielvorgaben zu erreichen, die vom Topmanagement an die unteren Ebenen weitergegeben werden. Manager sind oftmals Spielfiguren in dem genannten Spiel ICH GEWINNE – DU VERLIERST, welches durch das Ausüben von Druck und Macht am Laufen gehalten wird. Gerade deswegen sehen sich viele Manager gezwungen, ihr Fähnchen nach dem Wind zu stellen. Schließlich ist das Ziel, dass ich gewinne, denn wenn du gewinnst, dann verliere ich, und zwar unter Umständen nicht nur das Projekt, sondern auch das Ansehen, den Bonus oder gar den Job. Somit tendieren Manager dazu, sich nicht zu weit aus dem Fenster zu lehnen und nach Möglichkeit wenig Fehler zu machen, um ihre Position nicht zu gefährden.

Manager brauchen keinen Mut, denn sie folgen Regeln in einer vorgegebenen Struktur. Dabei stützen sie sich auf ihr Wissen bzw. die sogenannte Fachkompetenz und die ihnen formal zugewiesene Weisungsbefugnis. Wer hohe Fachkompetenz vorweisen kann, kommt weit. Leider werden dabei vielfach die sozialen und tatsächlichen Führungskompetenzen außer Acht gelassen. Wir haben mit vielen Menschen in zahlreichen Unternehmen zu tun gehabt und stellten mehrfach fest, dass Manager-Positionen fragwürdig besetzt waren und die Mitarbeiter nicht entsprechend ihrer tatsächlichen Fähigkeiten und Talente eingesetzt wurden. Auf Nachfrage, wie es zu der Vergabe kam, waren die häufigsten 3 Antworten folgende:

- „Naja, wir wissen, dass dieser Mitarbeiter keine Führungsqualitäten hat, aber es war die einzige Möglichkeit, ihn mit seiner Fachkompetenz im Unternehmen zu halten."
- „Nun, dieser Mitarbeiter hatte die spitzesten Ellenbogen und den stärksten Willen.
- „Er/Sie hatte gute Beziehungen zum Vorstand, also hat er/sie den Job erhalten."

Nicht ein einziges Mal lautete die Antwort „Weil diese Person eine wahre Führungspersönlichkeit ist, die die Menschen inspiriert, radikale Verantwortung übernimmt, neue Möglichkeiten kreiert und Wandel herbeiführt."

Oder – aus der gegenüberliegenden Perspektive betrachtet – wenn wir Führungskräfte fragten, warum sie eine Manager-Position inne hatten, waren die typischen Antworten folgende:

- „Ich wollte mich weiterentwickeln und das war der nächste Schritt auf der Karriereleiter."
- „Ich bin zu oft bzw. zur falschen Zeit am Büro meines Vorgesetzten vorbei gegangen und hatte keine andere Wahl."
- „Eigentlich war das nicht mein Ansinnen, doch es stand niemand anderes zur Verfügung."

- „Weil ich dann mehr Ansehen und Geld bekomme und mehr zu sagen habe."

Auf den wichtigsten Positionen sitzen somit oftmals keine wahren Führungspersönlichkeiten, keine *Edgeworker,* sondern Menschen, die entweder machthungrig sind, Fachspezialisten darstellen, oder Menschen, die versehentlich dort gelandet sind. Die machthungrigen Personen sind dabei oftmals „selbstgemachte Psychopathen". Das bedeutet, sie verleugnen ab einem bestimmten Punkt ihre eigene Menschlichkeit und folgen blind dem Irrglauben, es ginge nur darum, möglichst weit in der Hierarchie nach oben zu kommen und dafür unter Umständen auch über Leichen zu gehen. Wir haben mit Vertretern aus Konzernen gesprochen, die bestätigten, dass z. B. Kandidaten für eine Manager-Position anhand der Fähigkeit ausgewählt werden, harte Personal-Entscheidungen treffen zu können. Im Klartext bedeutet das: wenn ein Anwärter in der Lage ist, großartige, fähige Mitarbeiter eiskalt zu entlassen, ohne mit der Wimper zu zucken, hat er das Zeug, sich im Kampf auf der Hierarchieleiter zu behaupten und bekommt somit den Manager Posten. Machthungrige Manager definieren ihren Selbstwert über die entsprechende Hierarchiestufe. In den wenigsten Fällen finden sich Personen in Führungspositionen, die aus Leidenschaft gerne Menschen führen und das Anliegen haben, ihre Mitarbeiter auf Augenhöhe bei ihrer vollen Potenzialentfaltung zu unterstützen. Ergo **führen** die meisten Führungskräfte nicht. Stattdessen managen sie vorgegebene Prozesse und kontrollieren fixe menschliche Ressourcen, die als Dinge betrachtet werden.

Da Führungspositionen in der vorherrschenden Hierarchiestruktur Mangelware sind, müssen Manager stets um ihre Position fürchten. Manager sind deshalb darauf bedacht, alles unter Kontrolle zu haben und möglichst gut dazustehen. Ein Manager muss in jeder Hinsicht über mehr Wissen und Können verfügen, damit kein anderer ihm die Position streitig machen kann. Um es mit den Worten Joe Kaeser's – dem Vorstandsvorsitzenden der Siemens AG – zu sagen: „Führung heißt am Ende auch, es besser zu wissen als alle anderen im Unternehmen." (Zitat im Manager Magazin 11/2014). Sobald ein Manager keine Kontrolle mehr hat, ist seine Position in Gefahr. Daher wäre für einen Manager auch die vollständige Erschließung der Kreativität und des Genius seines Teams gefährlich. Folglich erschaffen sich viele Manager ein Team von angepassten, Ja-sagenden Mitläufern, die die Arbeit erledigen und Regeln befolgen.

Dieses Verhalten kann Managern nicht einmal wirklich verübelt werden, denn genau dazu werden Menschen in der gewöhnlichen Gesellschaft erzogen. Sie werden trainiert, entweder schlafende Schafe zu sein, der Norm zu entsprechen und sich anzupassen, oder alternativ in den Wettkampfring einzusteigen und zu beweisen, dass sie besser sind als andere und möglichst weit in der Hierarchie aufsteigen können. Ob andere dabei auf der Strecke bleiben, ist nicht entscheidend.

Der gewöhnliche Kontext mit hierarchischen Strukturen fördert auch die Herangehensweise des einsamen Wolfes, des Einzelkämpfers, der permanenten Konkurrenz untereinander. Das führt dazu, dass Manager oftmals meinen, die Last läge allein auf ihren Schultern, sie müssten die Lage stets im Griff und idealerweise auf alle Fragen eine Antwort haben, oder zumindest finden. Schließlich sind sie der Vorgesetzte, zu dem die Mitarbeiter kommen können, wenn sie Fragen haben.

Durch das Patriarchat ist das Management in Unternehmen von männlichen Vorgehensweisen geprägt. Diese Vorgehensweisen zeichnen sich z. B. aus durch logisch-analytisches Denken, Strukturiertheit, Fokussierung, zielgerichtete Dynamik etc. sowie die patriarchalen Verzerrungen dieser Qualitäten wie Kampf, Machtausübung, Konkurrenz, Wettkampf etc. Diese Herangehensweisen haben dazu geführt, dass Frauen in der Führung lange Zeit überhaupt nicht vertreten waren und auch heute die Anzahl der Frauen in Führungspositionen noch vergleichsweise gering ist. Abgesehen davon, dass Frauen in der Regel nach wie vor geringere Gehälter als ihre männlichen Kollegen erhalten, mussten und müssen sich Frauen ihren Platz in der Wirtschaft und in höheren Positionen regelrecht erkämpfen. Das hat zur Folge, dass sie versuchen, oftmals die besseren Männer zu sein, um bestehen zu können. Die ursprünglichen weiblichen Qualitäten – wie z. B. Kreativität, Sensibilität, Gemeinschaftssinn, Intuition, vernetztes Denken etc. – werden im gewöhnlichen Managementkontext in der Regel ausgeblendet und nicht beachtet.

Ein weiterer, besonders wichtiger Aspekt bei Managern ist das Thema Aufmerksamkeit und Anerkennung. Sie managen nicht nur um der Macht willen, sondern sitzen oftmals auf ihren Positionen, um einen gewissen Status inne zu haben und etwas darzustellen. Sie bekommen Aufmerksamkeit und möglicherweise Anerkennung von anderen, sei es von Kollegen oder ihrem privaten Umfeld.

Anerkennung erhalten sie insbesondere dann, wenn sie extrem gestresst sind und wenig Zeit haben. In der gegenwärtigen Gesellschaft hat sich das interessante Phänomen etabliert, dass das Ansehen einer Person steigt, je gestresster sie ist. Beobachten Sie das einmal. Wenn Sie gestresst sind, dann haben Sie viel zu tun, ergo sind Sie wichtig und unabkömmlich. Somit ist auch Stress mittlerweile zu einem traurigen Statussymbol geworden. Wenn Sie gestresst sind, haben Sie immerhin die Erlaubnis, krank zu werden und zum Beispiel Burnout zu kriegen. Aber bitte nur dann.

Aufgrund dieses hohen Stressfaktors brauchen Manager – wie viele andere auch – 30 Tage Urlaub im Jahr, um sich vom Stress und Kampf der restlichen 330 Tage zu erholen. Lassen Sie das einmal kurz sacken: Die meisten Menschen in der westlichen Gesellschaft versuchen, sich in 6 Wochen Urlaub pro Jahr vom Stress der restlichen 46 Wochen zu erholen. Das ist doch absurd, oder? Da stimmt doch das Verhältnis nicht ganz, zumal ein Manager auch im Urlaub erreichbar sein muss, um wirklich wichtig zu sein.

Die einzigen Freuden, die ein Manager im Hierarchie-Modell aus seiner Arbeit somit beziehen kann, sind Macht, Geld und Anerkennung. Das bedeutet, ein Manager muss seine Position so gut wie möglich ausnutzen, um einen angemessenen Ausgleich für diesen anstrengenden Wettkampf zu erhalten. Das meist sehr hohe Managergehalt wird somit nicht selten als Schmerzensgeld betrachtet für die Tatsache, dass ein Manager hart um seine Position kämpfen muss, je weiter er in der Hierarchie nach oben klettert, in Arbeit erstickt und wenig bis gar kein Privatleben mehr hat.

Hierarchie produziert gewöhnliche Manager, die in jeglicher Hinsicht um ihr Überleben kämpfen.

Kapitel 2:

Zeit des Übergangs

Es wird immer deutlicher, dass diese hierarchische Vorgehensweise weder im wirtschaftlichen noch im gesellschaftlichen Kontext zielführend und langfristig tragfähig ist. Vielmehr ist bereits ein kultureller Veränderungsprozess im Gange, der sich durch zahlreiche subtile und weniger subtile Signale bemerkbar macht.

Solch ein Veränderungsprozess passiert nicht sprunghaft. Wie auf der Abbildung *Übergang vom Zeitalter der Herrschaftskultur zur Planetaren Kultur* von Dr. Robert Gilman zu sehen ist, vollzieht sich der Wechsel von einem kulturellen Kontext zum nächsten fließend.

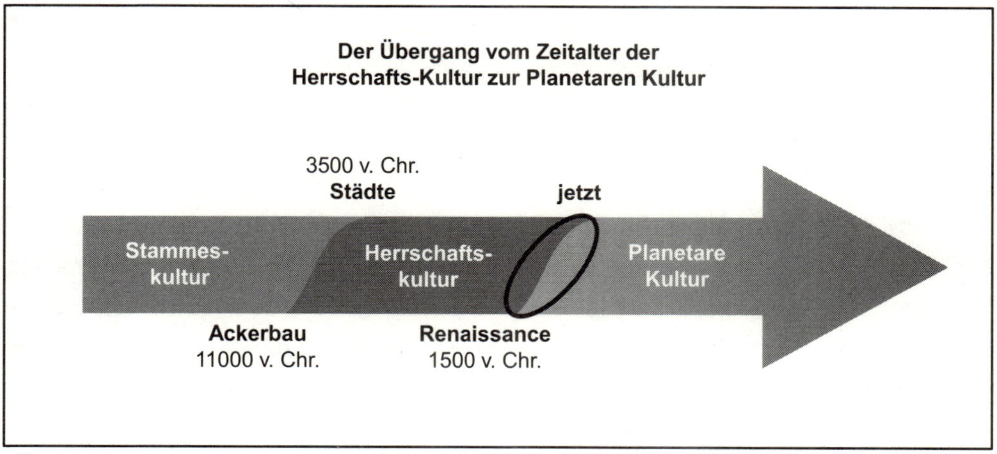

Abbildung 2: Übergang vom Zeitalter der Herrschaftskultur zur Planetaren Kultur, Dr. Robert Gilman

(Quelle: What time is it?, Dr. Robert Gilman)

Es gibt eine Zeit des Übergangs. Diese zeichnet sich durch die Feststellung aus, dass bisherige Vorgehens- oder Verhaltensweisen nicht mehr funktionieren, jedoch gleichzeitig auch noch nicht klar ist, wie die neuen Strukturen oder Möglichkeiten aussehen werden. Typische Reaktionen in diesen Zeiten sind Unsicherheit, Angst, Festhalten an alten Gewohnheiten oder gar Verstärkung bisheriger Vorgehensweisen, in der Hoffnung, dass durch mehr Druck eine Rückkehr zu traditionellen, bekannten Zeiten möglich ist und der Wandel und damit der Schritt ins Unbekannte abgewandt werden kann.

An genau solch einem Übergangspunkt befinden sich die Unternehmenswelt und die gesamte Gesellschaft derzeit. Unternehmen sehen sich aktuell noch nie dagewesenen Herausforderungen gegenüber, die sie zwingen, umzudenken, weil die bekannten Mittel nicht mehr greifen. Die aktuellen Herausforderungen zeigen sich z. B. in folgenden Punkten:

- **Ein sich immer schneller veränderndes Umfeld**
  Das wirtschaftliche und soziale Umfeld verändert sich durch die enorme Entwicklung der Informationstechnologie derzeit in rasender Geschwindigkeit. Die meisten Menschen sind permanent erreichbar, können alle notwendigen Informationen zu jeder Tages- und Nachtzeit im Internet abrufen und jederzeit weltweit mit Menschen in Kontakt treten. Informationen laufen manchmal sogar schneller, als es die Informationsstrukturen von Unternehmen erlauben. Das Industriezeitalter ist eigentlich längst dem Informationszeitalter gewichen. Die Wirtschaft hinkt dem neuen Zeitalter allerdings in der Form hinterher, dass sie zwar die Informationstechnologie nutzt, jedoch mit dem Ziel, das altbekannte Spiel der Profitmaximierung und Effizienzsteigerung weiterzutreiben.

- **Das Paradigma des unendlichen Wachstums zerfällt**
  Das Paradigma des unendlichen Wachstums kommt seinem Ende näher, sowohl in Bezug auf die planetaren Ressourcen als auch in Bezug auf die Mitarbeiter. Die Realität kann nicht länger verleugnet werden: unendliches Wachstum ist eine Illusion, also keine reale Größe. Die Ressourcen werden immer knapper und teurer.

  Zum einen wächst das Bewusstsein der Bevölkerung in Bezug darauf, dass die planetaren Ressourcen nicht unendlich zur Verfügung stehen. Folglich sind Unternehmen zunehmend gezwungen, sich für nachhaltiges Agieren zu verantworten. Corporate Social Responsibility and Sustainability – also unternehmerische soziale Verantwortung und Nachhaltigkeit – wird von einer steigenden Anzahl von Verbrauchern und Kunden eingefordert, während die Unternehmen selbst noch hauptsächlich das Ziel jährlicher Umsatzsteigerungen verfolgen.

Zum anderen lässt sich die frühere Ressource Mensch nicht mehr so einfach einkaufen. Viele Unternehmen sehen sich heute mit wachsenden Ansprüchen von Mitarbeitern und Gewerkschaften konfrontiert, die ebenfalls dem Paradigma des unendlichen Wachstums verfallen sind. Dies zeigt sich in Forderungen nach Lohnerhöhung, Sozialdienstleistungen, Absicherungen und Sonderleistungen (z. B. Firmenwägen, Gruppenversicherungen, Boni etc.). Die Frage, die sich somit stellt, lautet: „Wo soll diese Spirale enden, außer in einem vollständigen Zusammenbruch des kompletten Systems?“

- **Verändertes Konsumverhalten und Social Media Publizierungen**

Eine weitere Herausforderung stellt das veränderte Konsumverhalten dar. Die Unternehmen können sich der umfassenden Informiertheit der Kunden und dem dadurch veränderten Konsumverhalten nicht mehr entziehen. Jeder Fehltritt geht in Sekundenschnelle über die sozialen Netzwerke um die Welt. Somit lastet ein enormer Druck auf den Firmen, eine saubere Weste zu haben oder diese zumindest nach außen hin zu vermitteln, um z. B. den Anschein eines ökologisch nachhaltigen Unternehmens zu wahren. Die Hersteller von Outdoor-Kleidung werben beispielsweise gerne mit unberührter Natur. Die wetterfeste High-Tech Ausrüstung enthält allerdings eine ganze Reihe von Chemikalien bzw. chemischen Fasern, die Umwelt und Gesundheit belasten können. Ein weiteres Beispiel ist das von Zahnpasta- und Duschgel-Herstellern, die gerne mit natürlichen Inhaltsstoffen werben. Wie vielen Konsumenten ist dabei bewusst, dass zahlreiche gängige Produkte Mikroplastikpartikel enthalten und sie diese täglich auf ihre Haut auftragen, bzw. im Mund haben und womöglich verschlucken? Da heißt es dann z. B. auf der Verpackung „mit weißen Peeling Perlen“. Es ist erschreckend, wie viele Produkte künstliche Abfallstoffe, wie z. B. schädliches Mikroplastik, Aluminium oder Fluor enthalten, welche irgendwann im Trinkwasser und damit in der Nahrungskette landen.

Das ist die Art und Weise, wie diesen neuen Herausforderungen mit herkömmlichen Methoden begegnet wird. Das Schlagwort Nachhaltigkeit wird vielfach als leeres Werbeversprechen missbraucht, in der Hoffnung, dass der bisher uninformierte Konsument weiterhin den gut klingenden Werbeslogans glaubt. Tatsächlich ist es jedoch ein Sich-Weigern, Unternehmen umzugestalten bzw. das sich ändernde Umfeld zu akzeptieren. Kommen solche Machenschaften ans Licht, müssen Unternehmen heutzutage mit entsprechendem Widerstand der Konsumenten rechnen, der nicht selten zu sogenannten Shit-Storms oder allgemeinen Aufrufen zur Konsumverweigerung auf Social Media Plattformen führt.

- **Steigende Komplexität der Projekte und veralteter Kontrollmechanismus**
  Eine steigende Komplexität der Projekte ist durch die zunehmende Geschwindigkeit unaufhaltsam. Da jedoch der traditionelle Kontrollmechanismus noch vorherrscht, müssen die immer komplexeren Projekte und Prozesse dokumentiert werden, so dass diese Art Dokumentation irgendwann überhandnimmt. Manager und Mitarbeiter ersticken in Bürokratie und Kontrollwahn und es entsteht ein immer größerer Druck. Die Komplexität gepaart mit der Kontrolle macht es irgendwann unmöglich, dass die Mitarbeiter noch in der vorgegebenen Zeit oder mit dem verfügbaren Budget auskommen können. Die Komplexität erfordert eigentlich Innovation, Kreativität, Selbständigkeit und Verantwortungsübernahme. Dazu bleibt jedoch einerseits keine Zeit und andererseits war es in der bisherigen Kultur auch nicht notwendig. Die Mitarbeiter sind im gegenwärtigen System nicht gewohnt, selbst zu denken, innovativ zu sein, Risiken einzugehen und selbst Verantwortung zu übernehmen. Sie sind zu schlafenden Schafen erzogen worden, zu Ja-Sagern, zu Menschen, die folgen und gehorchen.

  Darüber hinaus werden heute Entscheidungsvorlagen über Entscheidungsvorlagen erstellt, die gelesen und geprüft werden müssen, damit überhaupt eine Entscheidung getroffen werden kann. In einigen Konzernen ist es Gang und Gäbe, dass Mitarbeiter am Freitagabend mit zwei Aktentaschen voller Vorlagen an der Hand in das Wochenende gehen. Wie viel Zeit braucht ein Manager zum Denken, bevor er entscheiden kann? Wie bedeutend sind die Kommentare, die eine Führungskraft zu einer Vorlage macht? Wie bedeutend sind solche Vorlagen tatsächlich? Zu langsame Entscheidungsprozesse können für ein Unternehmen in einem sich schnell verändernden Umfeld tödlich werden.

- **Steigende Krankheitsraten**
  Ein massives Problem für viele Firmen sind die steigenden Krankheitsraten. Immer mehr Mitarbeiter sind aufgrund psychischer oder physischer Symptome arbeitsunfähig.

12,6 Tage hat jeder Arbeitnehmer zuletzt krankgefeiert – im Durchschnitt. Das ist ein deutlicher Anstieg im Vergleich zu den Vorjahren. Der Wirtschaft gingen damit rund 80 Milliarden Euro Wertschöpfung verloren. Demnach häuften alle Beschäftigten in Deutschland 2011 zusammen rund 460 Millionen Fehltage an. Vor allem wegen psychischer Erkrankungen stiegen in den vergangenen Jahren die Fehltage rasant. Die Zahl ging innerhalb von nur drei Jahren um 44 Prozent von 41 Millionen auf 59,2 Millionen (2011) nach oben. Aus dem jüngst vorgelegten DAK-Gesundheitsreport geht hervor, dass 2012 mehr Beschäftigte als je zuvor wegen psychischer Leiden arbeitsunfähig geschrieben wurden. Die Fehltage daraus haben sich demnach zwischen 1997 und 2012 mehr als verdoppelt. (Die Zeit; Fehlzeiten-Report vom 27.02.2013, Daten von der Bundesanstalt für Arbeitsschutz und Arbeitsmedizin)

Ursachen dafür sind der zunehmende Leistungsdruck aufgrund der oben genannten Komplexität der Projekte, der enorme Konkurrenzdruck und die damit verbundene Angst, den Arbeitsplatz zu verlieren. Regelmäßig gehen neue Nachrichten durch die Presse, dass erneut Stellen in verschiedensten Unternehmen abgebaut werden. Ergo wird die Arbeit auf die verbleibenden Mitarbeiter verteilt. Da es in der gegenwärtigen Gesellschaft als unprofessionell erachtet wird, bewusst Gefühle zu äußern, schlucken zahlreiche Mitarbeiter selbige hinunter, was wiederum zu körperlichen und psychischen Krankheiten führt. Burnout heißt seit einigen Jahren die neue Volkskrankheit, dicht gefolgt von Depressionen. Es handelt sich dabei vielfach um moderne Zivilisationskrankheiten, die auftauchen, wenn Gefühle über einen langen Zeitraum unbewusst im Körper eingesperrt bleiben. Dazu später mehr.

- **Generation Y**

Der neuen Generation von Mitarbeitern, der sogenannten Generation Y, sind Geld und Karriere nicht mehr so wichtig. Sie sind eher unentschlossen und entscheiden nach Coolheits-Grad des Projekts oder des Chefs, ob sie mitarbeiten wollen oder nicht. Auch eine ausgewogene Work-Life-Balance ist dieser Generation wichtig. Gleichzeitig werden Manager heute per Mausklick von Mitarbeitern bewertet, die mit völlig anderen Gegebenheiten aufwachsen als die bisher führende Generation. Die neue Generation ist zunehmend unwillig, sich dem Druck zu unterwerfen. Laut Wikipedia (12/2014) gilt die sogenannte *„Generation Y als vergleichsweise gut ausgebildet, oft mit Fachhochschul- oder Universitätsabschluss. Sie zeichnet sich durch eine technologieaffine Lebensweise aus, da es sich um die erste Ge-*

neration handelt, die größtenteils in einem Umfeld von Internet und mobiler Kommunikation aufgewachsen ist. Sie arbeitet lieber in virtuellen Teams als in tiefen Hierarchien. Anstelle von Status und Prestige rücken die Freude an der Arbeit sowie die Sinnsuche ins Zentrum. Der Berliner Jugendforscher Klaus Hurrelmann macht auf die Multioptionsgesellschaft und Grenzenlosigkeit aufmerksam, in welcher die Generation Y groß geworden ist. Die ‚Millennials' sind optimistisch und selbstbewusst und haben wenig Vertrauen in die Regierung, weshalb sie sich durch passiven Widerstand aktiv ins politische Geschehen einbringen." Das bedeutet für Unternehmen, dass es andere Anreize, Strukturen und Führungsmodelle braucht als bisher, um solche Menschen als Mitarbeiter zu gewinnen und dauerhaft zu halten.

- **Budgetkürzungen und Profit-Fokus**
  Eine weitere Herausforderung, insbesondere in größeren Konzernen, ist der Fokus auf Profit. In einigen Unternehmen nimmt die Controlling-Abteilung maßgeblich die Unternehmenssteuerung ein. Den einzelnen Abteilungen werden vom Controlling jährlich bestimmte Budgets zugeschrieben und Vorgaben gemacht, wie viele Fix- und Flex-Arbeitskräfte eingesetzt werden können. In diesem Zusammenhang ist es beispielsweise nicht unüblich, dass Unternehmen zunehmend externe Mitarbeiter von Zeitarbeitsstellen einsetzen, um vermeintliche Kostenflexibilität zu wahren, anstatt Mitarbeiter in Festanstellung zu beschäftigen. Der Mensch wird ausschließlich als Kapitalressource betrachtet.

  Ein weiteres Beispiel dafür sind auch die sogenannten Kettenmodelle, bei denen Mitarbeiter nur befristete Verträge für beispielsweise 1 oder 2 Jahre erhalten, so dass sie bei Budget-Knappheit ohne Abfindungen schneller aus dem Unternehmen entlassen werden können. Menschlichkeit und Wertschätzung von Mitarbeitern sind in vielen Firmen eher ein Slogan auf dem Papier als ein tatsächlich gelebtes Wertesystem.

  Durch die Auslagerung von Entscheidungen auf die Controlling Abteilung, werden auch die Führungskräfte in den einzelnen Fachabteilungen dazu erzogen, keine Verantwortung mehr zu übernehmen. Vielmehr werden Ausreden dieser Führungskräfte wie „Ich hätte es ja anders gemacht, aber Controlling hat gesagt…" normal und ein beliebter Grund, keine Risiken einzugehen.

Es stellt sich also zunehmend die Frage, wie neue Organisationsformen und Arbeitsweisen aussehen können, um diesen neuen Herausforderungen gerecht zu werden. Es gibt bereits vielfältige Ansätze, wie z. B. die Soziokratie, die Kees Boeke und später auch Gerard Endenburg geprägt haben. Die Idee der Soziokratie beruht auf einer partizipativen Organisationsmethode, die Selbstorganisation und für notwendige Entscheidungen das Prinzip der Zustimmung nutzt. Das heißt, Entscheidungen werden weder durch eine höher gestellte Person (Hierarchie) noch durch die Mehrheit (Demokratie) getroffen, sondern durch Zustimmung aller Beteiligten. Verwandt mit der Soziokratie ist die Holakratie (Holacracy) von Brian Robertson, die auf ähnlichen Prinzipien basiert. Doch neue Methoden funktionieren nur bedingt, wenn sie in dem gegenwärtigen kulturellen Kontext angewandt werden, d.h. wenn die Beteiligten noch ihre gewohnten Denkmuster und Paradigmen zur Anwendung bringen. Wenn Sie also versuchen, eine neue Organisationsform oder Herangehensweise im bisherigen patriarchischen, Hierarchie getriebenen Kontext anzuwenden, geht der Schuss eventuell nach hinten los.

Wie ist es also möglich einen neuen Kontext zu erzeugen und somit neue Resultate zu erzielen?

Die *Innovations-Adaptions-Kurve* von Everett Rogers macht deutlich, dass Veränderung und somit auch das Erzeugen eines neuen Kontextes nicht von heute auf morgen passiert. Die Masse gleichzeitig von einer neuen Idee zu überzeugen ist laut Rogers sinnlos, ja sogar kontraproduktiv. Der natürliche Widerstand der Masse gegen Neues ist viel zu groß, um mit einer solchen Vorgehensweise erfolgreich zu sein. Es bedarf einer kleinen Anzahl von Menschen, die vorausgehen, die in der Abbildung Innovatoren genannt werden. Sie stehen bereits am Rande der bestehenden Kultur mit einem Bein auf der Brücke ins Unbekannte. Sie blicken nach vorne und suchen nach neuen Horizonten und Möglichkeiten, während die Masse der Menschen noch fest in der bestehenden Kultur verankert ist. Sie arbeiten sich nach vorne in Richtung neuer Kultur und sind deshalb *Edgeworker*. Anders als Manager und Leader sind sie jedoch nicht vorne im Sinne von oben in der Hierarchie. Stattdessen bewegen sich *Edgeworker* auf dem gleichen Level wie ihre Mitstreiter und sind in der Lage, eine neue Vision greifbar zu machen und damit eine Bewegung in Gang zu setzen. Diese Innovatoren, wie Rogers sie nennt, sind in der Lage, die Erstanwender zu begeistern, also eine Gruppe von Menschen, die eigentlich nur darauf gewartet hat, dass jemand den ersten Schritt tut. Daraus bildet sich ein sogenanntes *Edgeworker*-Team oder eine *Edgeworker*-Bewegung, die in der Lage ist, einen Kontext neu zu definieren und dadurch eine Veränderung in der Unternehmenskultur und –struktur herbeizuführen.

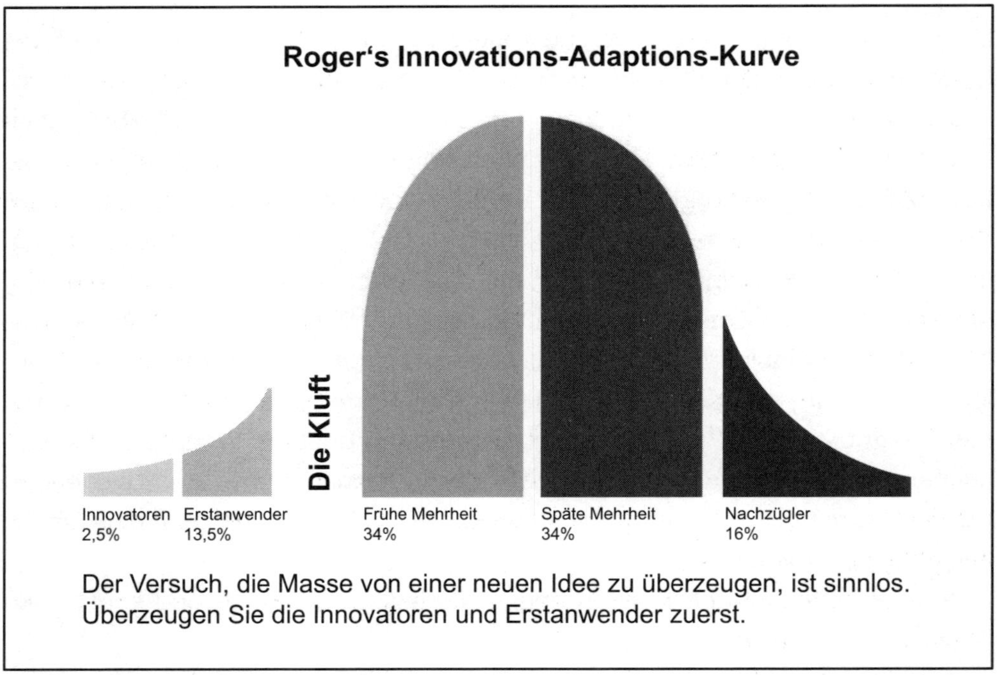

Abbildung 3: Everett Rogers Innovations-Adaptions-Kurve

Kapitel 3:

Erzeugen eines neuen Kontextes

Was bedeutet es konkret, einen neuen Kontext zu erzeugen? Ein Kontext kann definiert werden als eine Struktur, die einen Zusammenhang zwischen einzelnen Aspekten herstellt und den Rahmen für ein System formt. Das System wäre z. B. ein Unternehmen, das eingebettet ist in einen kulturellen Kontext. Der kulturelle Kontext wäre in der westlichen Gesellschaft aktuell das Patriarchat. Das System verhält sich entsprechend des Kontextes. Der Kontext bestimmt somit typische Verhaltensmuster im System.

Der Kontext gestaltet sich durch bestimmte Annahmen, Unterscheidungen und Parameter, die als gegeben betrachtet werden und in der Regel auch nicht mehr hinterfragt werden. Es handelt sich um eine bestimmte Art der Weltanschauung oder eine Lehrmeinung. Im patriarchalen Kontext gilt beispielsweise das Paradigma, dass Konkurrenz das Geschäft belebt. Dieses Paradigma bestimmt wiederum das Verhalten von Unternehmen und damit das Verhalten von Menschen in Unternehmen.

Die Unternehmenskultur beschreibt hingegen die **Werte**-Muster innerhalb eines Unternehmens. Diese Kultur ist dabei wiederum stark geprägt vom Kontext, in den ein Unternehmen eingebettet ist.

In Bezug auf Veränderungen und Evolution sind im derzeitigen patriarchalen Kontext jene Veränderungen akzeptabel, die den gültigen Paradigmen entsprechen. Veränderungen, die jedoch darüber hinausgehen und diese Paradigmen außer Kraft setzen, rufen automatisch Gegenkräfte hervor, um den bestehenden Kontext zu schützen. Wenn Sie neue, bahnbrechende Ideen oder Vorgehensweisen haben und Sie versuchen, diese im gewohnten Kontext anzuwenden, dann ist das Scheitern der Durchsetzung sozusagen vorprogrammiert. Der bisherige Kontext ist nicht darauf ausgelegt, neue Vorgehensweisen zuzulassen. Es wäre zunächst notwendig, den Kontext zu verändern.

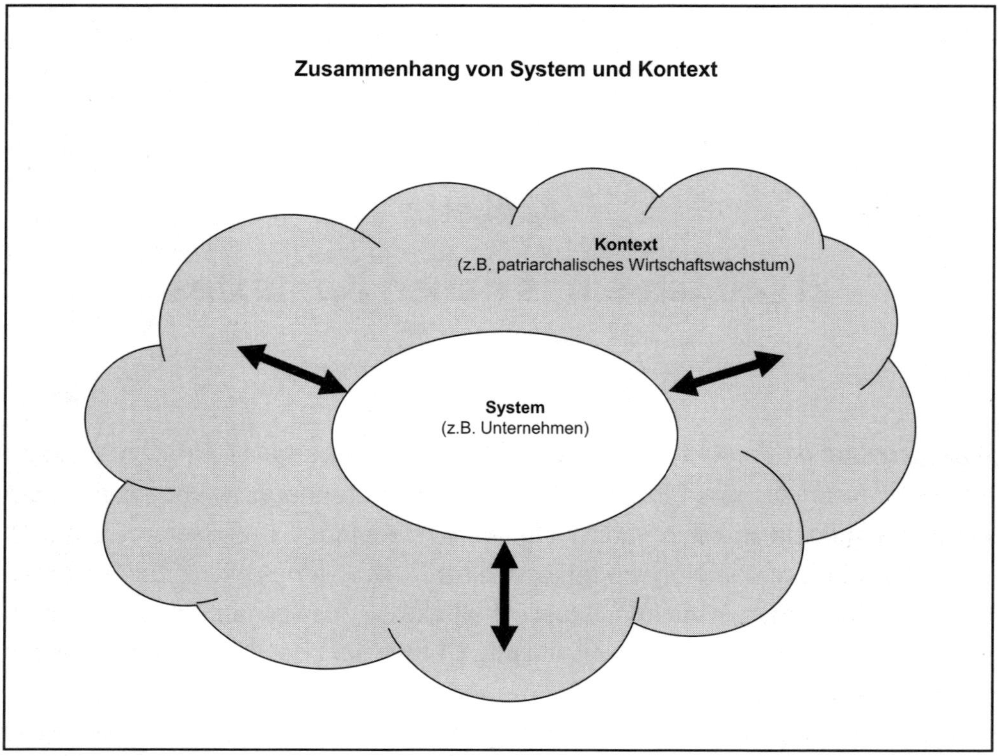

Abbildung 4: Zusammenhang von System und Kontext, Dr. Robert Gilman

(Quelle: What time is it?, Dr. Robert Gilman)

Vielleicht kennen Sie folgendes Zitat: „Sie können Dinge nicht verändern, indem Sie die aktuelle Realität bekämpfen. Um etwas zu verändern, erschaffen Sie einfach ein neues Modell, welches das bisherige Modell überflüssig macht." Sehr weise Worte von Richard Buckminster Fuller. Beispielsweise bestand das alte Modell in Bezug auf Kommunikation viele Jahre darin, Dinge per Post oder Fax zu schicken. In den 90ern kamen dann plötzlich das Internet und damit der Versand von E-Mails. Dieses neue Modell breitete sich in rasanter Geschwindigkeit aus, so dass das alte Modell der Papier-Archivierung und des Postversands bald überflüssig wurde. Dies geschah, ohne das alte Modell zu bekämpfen. Die Post gibt es nach wie vor. Es gibt zwar auch heute noch einige Menschen, die Internet und E-Mail nicht nutzen, doch es werden immer weniger. Eine Idee, deren Zeit gekommen ist und die die Leute inspiriert, lässt sich nicht aufhalten.

Den kulturellen Kontext zu verändern, bedeutet, eine parallele Kultur zu entwickeln

Um etwas zu verändern, ist es notwendig, erst etwas Neues zu erschaffen, welches das Alte überflüssig macht. Gleiches gilt für das Erzeugen eines neuen Kontextes. Es ist entscheidend, durch einen neuen Kontext eine neue Kultur zumindest in Ansätzen zu entwickeln, um den gewohnten kulturellen Kontext überflüssig zu machen. Doch wer sollte dies freiwillig tun und wie soll das möglich sein?

Genau dies ist die Aufgabe der sogenannten *Edgeworker*. *Edgeworker* erzeugen dort, wo sie wirken, durch einen neuen Kontext eine sogenannte parallele Kultur, indem sie zunächst bereit sind, weitaus mehr Verantwortung zu übernehmen als die Masse der im gewöhnlichen Kontext lebenden Menschen. Die *Landkarte der parallelen Kulturen* macht dies deutlich.

Wird die Anzahl der Menschen ins Verhältnis gesetzt zu dem Grad der Verantwortung, den sie übernehmen, dann ergibt sich rein mathematisch eine Normalverteilung nach Gauß – die bekannte Gauß'sche Glockenkurve. Die derzeitige Verteilung in Bezug auf die Verantwortlichkeit wird deutlich anhand einer ganz simplen Frage: Wenn ein Kind Unordnung oder Chaos erzeugt, wer räumt es normalerweise auf? Es sind die Erwachsenen. Übertragen Sie nun diese Frage auf die globale Ebene: Welches Chaos wird durch Menschen auf der Erde und in der Wirtschaft bzw. den Unternehmen erzeugt, ohne darüber nachzudenken, wer es später einmal aufräumt? Hier einige Beispiele: Abholzung der Regenwälder, Genmanipulation, Atommüll, ein Plastikteppich im Pazifik in der Größe des US Bundesstaates Texas und verseuchte Gebiete durch den Einsatz von Uranwaffen etc. Beispiele für Chaos in Unternehmen wären u. a. korruptes Management, Manipulation durch Machtausübung, hohe Krankheitsraten, Mobbing, steigende Burnout-Zahlen etc. Wer räumt es auf? Ein weiteres Beispiel ist das Arbeitssystem von abhängiger Arbeit an sich. In diesem Konzept übertragen die Menschen ihre Verantwortung einem Unternehmen und Vater Staat (Arbeitslosenversicherung) in der Hoffnung, dass beide im Notfall für sie sorgen werden.

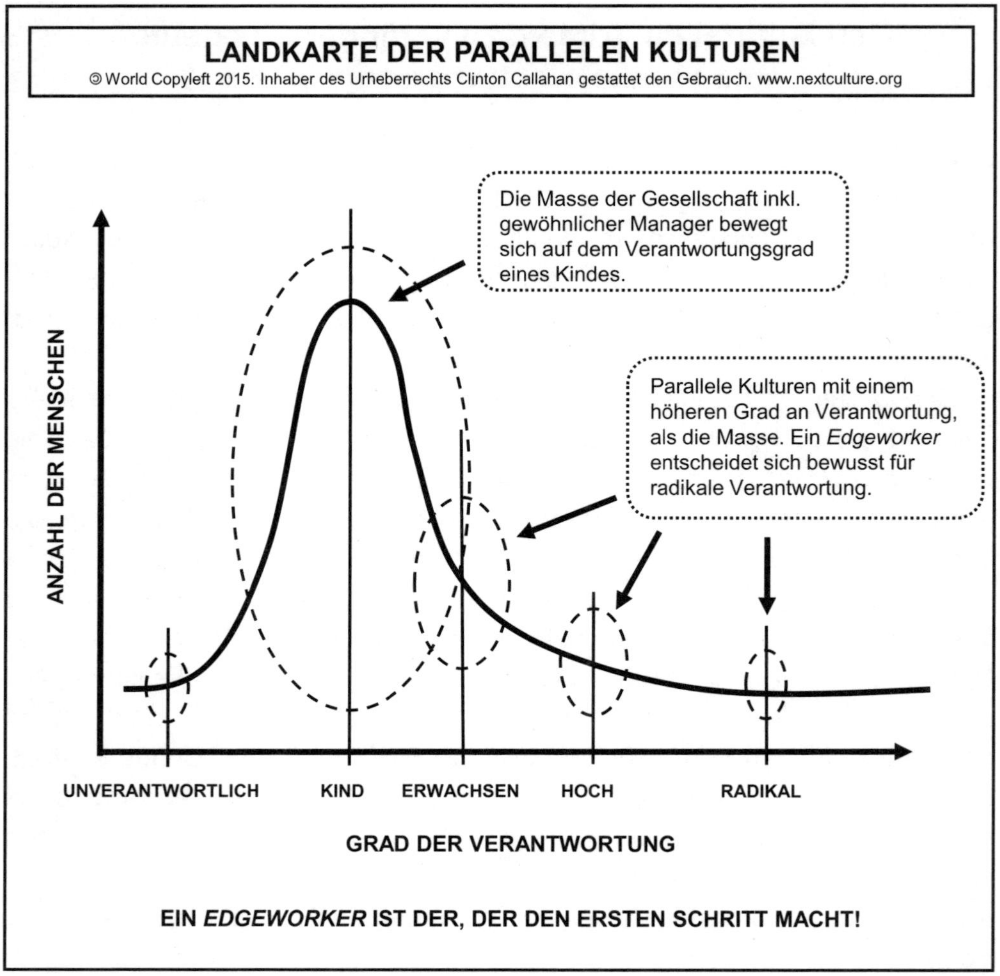

Landkarte 2: Parallele Kulturen

Anhand dieser Grafik wird es deutlich, dass sich die Masse der Gesellschaft und die Masse der Manager auf dem Verantwortungsgrad eines Kindes bewegen, welcher unterhalb des Verantwortungsgrades eines Erwachsenen liegt. Wen wundert es da, dass die Wirtschaft und die Unternehmen kranken? Ein Großteil der Manager würde an dieser Stelle höchstwahrscheinlich widersprechen und sagen, dass sie bereits einen hohen Grad an Verantwortung übernehmen. Schließlich beinhaltet die Übernahme der Manager-Position doch Verantwortung. In Bezug auf Verantwortung gibt es jedoch unterschiedliche Sichtweisen, wie die *Landkarte der Verantwortung – Alte & Neue Sicht* zeigt.

LANDKARTE DER VERANTWORTUNG – ALTE & NEUE SICHT

Verantwortung ist das persönliche Interesse und die Bereitschaft, die Quelle für die notwendigen Ergebnisse zu sein. Wenn Sie all Ihre Widerstände, Gründe und Ausreden überwunden haben, verbleibt lediglich persönliches Interesse. Das eröffnet ein völlig neues Spiel, genannt *erwachsene Verantwortung*.

Verantwortung - Alte Sicht	Verantwortung - Neue Sicht
Bei Verantwortung geht es um das, was in der Vergangenheit passiert ist	Verantwortung geschieht hier und jetzt in der Gegenwart
Es ist meine Schuld. Ich bin schuldig. Ich muss die Schuld auf mich nehmen	Ich besitze sie. Sie ist meine Verpflichtung
Es ist eine schwere Last	Ich kann sie reiten, spielen, fliegen
Ich bin das Opfer	Sie ist die Gelegenheit, meinen Interessen zu dienen
Ich wurde hereingelegt	Sie ist eine Belohnung
Ich bin naiv	Ich bin geehrt
Ich bin der Sündenbock	Ich stehe an der Quelle
Es wird mir angetan	Ich bin die Ursache
Ich hätte es vermeiden sollen	Ich stehe am Ursprungspunkt
Es wird Konsequenzen haben. Ich werde zur Rechenschaft gezogen werden. Ich werde bestraft werden	Ich kann authentisch kreieren. Ich bin aktiv Ich erzeuge Ergebnisse
Es ist Druck	Ich habe die Freiheit zu wählen
Ich werde missbraucht	Ich bin eins mit ihr, in Integrität
Ich mache mir Vorwürfe, ich bereue es	Ich bringe Sorgfalt zum Ausdruck
Andere lassen mich im Stich	Desillusionierung eröffnet neue Möglichkeiten. Ich lerne
Ich habe Angst zu versagen	Ich diene etwas Größerem als mir selbst. Ich werde gut gebraucht
Ich fühle mich überwältigt	Es ist ein Austausch
Ich werde angeklagt	Ich besitze die Macht zu deklarieren, wie es ist

Landkarte 3: Verantwortung – Alte und neue Sicht

Vielfach wird Verantwortung als Last, Bürde, Pflicht und Übernahme von Schuld empfunden. Verantwortung wird meist mit der Vergangenheit verknüpft, zumal in letzter Instanz die Manager ihren Kopf hinhalten müssen, wenn etwas schief geht. Verantwortung erscheint daher nicht sehr attraktiv. Diese Sichtweise erzeugt ein Umfeld, in dem Fehler auf allen Ebenen nach Möglichkeit vermieden werden sollten, was jedoch Innovation und Entwicklung verhindern kann.

Eine neue Perspektive in Bezug auf Verantwortung beinhaltet, dass Verantwortung eine Chance und eine Belohnung darstellt und die Möglichkeit birgt, sich in den Dienst zu stellen und Dinge kreativ zu gestalten. In dieser neuen Sicht sind Freiheit und Verantwortung direkt miteinander verbunden, während in der zuvor beschriebenen Perspektive Freiheit und Verantwortung Gegensätze sind.

Es ist höchste Zeit für einen Wandel. Was gebraucht wird, sind *Edgeworker*, die bereit sind, einen höheren Grad an Verantwortung zu übernehmen; nicht nur einen höheren Grad, sondern sogar einen radikalen Grad an Verantwortung. Radikale Verantwortung bedeutet, dass sich der *Edgeworker* entscheidet, kein Opfer der Umstände zu sein, sondern vielmehr Verursacher der Umstände, die er in seinem Wirkungskreis vorfindet. Er nimmt eine völlig andere Haltung ein. Wenn Sie radikale Verantwortung für alles übernehmen, was Sie in Ihrem Leben vorfinden, erhalten Sie gleichzeitig auch die Möglichkeit und Kraft, diese Umstände zu verändern, vorausgesetzt Sie nehmen die genannte, neue Perspektive ein. Radikale Verantwortung zu übernehmen, bedeutet nicht, die Schuld für alles zu übernehmen, sondern es hat mit der inneren Haltung zu tun, die Opferposition bewusst zu verlassen. Radikale Verantwortung lässt somit keine Hintertürchen offen oder die üblichen Ausreden oder Rechtfertigungen zu. Wie auf der *Landkarte der Parallelen Kulturen* zu sehen ist, sind die *Edgeworker* damit definitiv eine Minderheit und bewegen sich am Rand der Gesellschaft.

Dadurch, dass sie radikale Verantwortung für sich selbst und das, was sie in ihrem Wirkungskreis vorfinden, übernehmen, handeln *Edgeworker* anders als die Masse der Gesellschaft. Gleichzeitig ermutigen sie durch ihr Agieren weitere Personen, auf eine andere Art und Weise zu handeln. Sie erzeugen dadurch eine parallele Kultur und sind damit sogenannte Kultur-Kreative. Sie nutzen ihre Verantwortlichkeit, um aus dem gewöhnlichen Mainstream-Verhalten der gegenwärtigen Kultur auszubrechen und nachhaltige, neue Resultate zu erzielen. Sie sind bereit, mit gesellschaftlichen Normen oder Regeln zu brechen, wenn diese nachhaltige Resultate verhindern. *Edgeworker* ecken dadurch unter Umständen öfter einmal an, da sie Missstände aufzeigen und bereit sind, die Realität neu zu erfinden. *Edgeworker* können somit als Piraten der Neuzeit bezeichnet werden *(Anmerkung der Autorinnen: mit dem Wort Pirat ist keinerlei Verbindung zur sogenannten Piratenpartei in Deutschland gemeint. Pirat wird hier vielmehr im ursprünglichen Sinne gebraucht, um eine Person zu beschreiben, die bereit ist, Regeln zu brechen und über Begrenzungen hinaus zu gehen. Vielleicht hilft Ihnen die Verlinkung zu Captain Jack Sparrow, dem Piraten aus dem Film „Fluch der Karibik".)*.

Es gibt sie bereits, die Piraten der Neuzeit, die wahren *Edgeworker*. Bei diesen Menschen handelt es sich nicht zwangsläufig um Personen, die Topmanager sind und die Hierarchieleiter erklommen haben. Sie kümmern sich nicht um Strukturen. *Edgeworker* haben eine Vision und sind daran interessiert, neue Resultate zu erzielen, um Entwicklung und Evolution voranzutreiben.

Doch wie erzielen Sie neue Resultate? Wie bereits erwähnt, erzielen Sie neue Resultate, indem Sie mit Hilfe von neuen mentalen Landkarten einen neuen kulturellen Kontext etablieren. Was bedeutet das konkret? Die *Landkarte der neuen Ergebnisse* macht dies deutlich.

Haben Sie jemals versucht, zu neuen Ergebnissen zu kommen ohne Ihr Handeln tatsächlich zu ändern? Fast jeder hat dieses Vorgehen schon probiert. Die Erfahrung zeigt allerdings, dass es nicht funktioniert. Obwohl sie es besser wissen müssten, versuchen die Menschen es jedoch immer wieder. Um es mit den Worten Albert Einsteins zu sagen „Die reinste Form des Wahnsinns ist es, alles beim Alten zu lassen und gleichzeitig zu hoffen, dass sich etwas ändert.“

LANDKARTE DER NEUEN ERGEBNISSE

NEUE GEDANKLICHE LANDKARTEN

↓

NEUE OPTIONEN ZUR AUSWAHL

↓

NEUE ENTSCHEIDUNGEN
(Entscheidungen können bewusst oder unbewusst sein.)

↓

NEUE HANDLUNGEN ODER VERHALTENSWEISEN

↓

NEUE ERGEBNISSE

Landkarte 4: Neue Ergebnisse

Neue Resultate ergeben sich aus neuen Handlungen. Doch woraus ergeben sich neue Handlungen? Sie resultieren aus bewussten und unbewussten Entscheidungen, die Sie fällen. Wann können Sie neue Entscheidungen treffen? Das ist möglich, sobald Ihnen neue Optionen zur Verfügung stehen. Doch woher genau bekommen Sie neue Optionen? Nun, dafür brauchen Sie neue Perspektiven oder sogenannte neue mentale Landkarten.

Vielleicht haben Sie in Ihrer Laufbahn schon mehrere Seminare, Workshops oder Ausbildungen besucht, und Methode A, B, C gelernt. Konnten Sie dadurch jedoch langfristig umwälzende, neue Resultate erzielen? Vermutlich nicht. Das liegt daran, dass Sie versucht haben, die Methoden im altbekannten Kontext anzuwenden. Um tatsächlich neue Resultate erzielen zu können, ist es notwendig, in einen neuen Kontext zu wechseln, in dem nicht mehr das gewöhnliche Verhalten bzw. die gewöhnlichen Perspektiven und Bedingungen vorherrschen.

Eine Veränderung des Kontextes kann von Menschen initiiert werden, die bereit sind, den neuen Kontext zu leben, um ihn im Unternehmen verbreiten und etablieren zu können: *Edgeworker*.

Doch zunächst bedarf es Klarheit darüber, was genau mentale Landkarten sind. In der *Landkarte der sich entwickelnden Landkarten* sehen Sie im oberen Teil eine alte, sehr bekannte Landkarte.

Die nachfolgende Landkarte stellt die Erde als flache Scheibe dar. Die Landkarte war über Jahrhunderte hinweg gültig und dabei sehr nützlich, denn sie zeigte, wo das vermeintlich sichere Gebiet und das vermeintlich unsichere Gebiet war. Sie machte deutlich, dass Sie sterben können, wenn Sie aus bekanntem Gebiet wegsegelten. Diese Unterscheidungen haben zu bestimmten Verhaltensweisen und Resultaten geführt. So sind z. B. verschiedene Dialekte innerhalb weniger Kilometer Umkreis entstanden. Zudem hat niemand gewagt, auf Entdeckungsreise zu gehen, da es für die Menschen sicherer war, in ihrer gewohnten Umgebung zu bleiben. Die vorhandenen Möglichkeiten waren durch diese Sichtweise stark begrenzt.

Im weiteren Verlauf der Geschichte entstand eine neue Landkarte über die Welt, weil sich einige mutige Pioniere auf den Weg machten, die vorhandene Sichtweise unermüdlich zu überprüfen. Sie kamen mit der Landkarte der runden Erde zurück, die Sie in der Abbildung im mittleren Bereich sehen.

Diese Landkarte ist mittlerweile wohlvertraut und der aktuelle Stand der Sichtweisen: die Erde **ist** rund. Niemand würde dies bezweifeln. Durch die neue Landkarte entstanden automatisch neue Möglichkeiten, wie z. B. neue Freiheiten, neue Abenteuer, neue Perspektiven, neues Wachstum, neue Kontakte, neue Erlebnisse usw. Dies führte zu neuen Verhaltensweisen und Resultaten, da plötzlich klar war, dass der Mensch nicht von der Erde herunterfallen und sterben kann, wenn er über bekanntes Gebiet hinaus segelt. Ist deswegen die alte Landkarte komplett ausgelöscht und nutzlos? Nein. Sie ist in der neuen Landkarte enthalten – sie wurde um neue Unterscheidungen erweitert. Was passierte mit den Menschen, die diese neue Landkarte in ihre herrschende Kultur brachten?

LANDKARTE DER SICH ENTWICKELNDEN LANDKARTEN

ALTE LANDKARTE:

Alte Möglichkeit: Wenn Sie aus bekanntem Gebiet wegsegeln, fallen Sie runter und sterben!

Nachdem es überhaupt keine Landkarte gab, ist es großartig, eine Landkarte zu haben! Sie hilft Ihnen, die Guten zu finden, die Bösewichte und den Schatz! Aber wenn Sie auf einer flachen Weltkarte aus bekanntem Gebiet wegsegeln, fallen Sie hinunter und kommen um – und das ist eine üble Art zu sterben!

NEUE LANDKARTE:

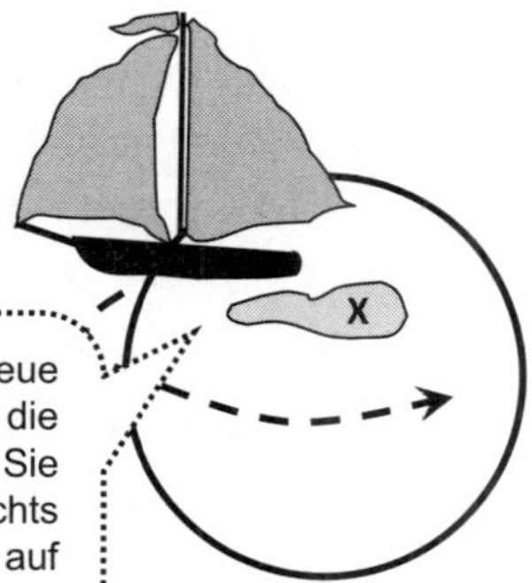

(Anmerkung: Die neue Landkarte enthält die alte Landkarte; Sie verlieren also nichts von dem, was Sie auf der alten Karte bereits hatten.)

Neue Möglichkeit: Sie können nicht herunterfallen!

Mit einer neuen Karte erhalten Sie neue Möglichkeiten, ein völlig neues Spiel: Auf einer runden Erde können Sie z.B. so weit aus bekanntem Gebiet wegsegeln wie Sie wollen und *Sie können nicht hinunterfallen.* Hat sich die Erde durch Ihre neue Landkarte geändert? Nein. Nur Ihre Perspektive hat sich geändert. Aber Sie erhalten wahrhaftig neue Möglichkeiten, weil sie nicht in Beziehung mit der Welt leben. Sie leben in Beziehung mit Ihren Landkarten von der Welt. Besorgen Sie sich eine neue Landkarte und Sie bekommen eine neue Welt!

NÄCHSTE LANDKARTE:

?

Die nächste Landkarte wartet bereits jenseits der Sichtweite, und zwar genau da, wo die letzte neue Landkarte war, kurz bevor sie entdeckt wurde. Sie können nie wissen, wie die nächste Landkarte aussehen wird.

Landkarte 5: Sich entwickelnde Landkarten

Richtig, sie wurden entweder umgebracht oder zumindest verhöhnt und ausgegrenzt. Galileo Galilei könnte sicher ein Lied davon singen. Die Zeiten haben sich zwar geändert, dennoch sind *Edgeworker* einem ähnlichen Risiko ausgesetzt. Sie setzen neue, ungewohnte und für die gängige Meinung unter Umständen gefährliche Impulse, die den bestehenden Kontext in Frage stellen. Das bedeutet in Bezug auf Unternehmen konkret, dass *Edgeworker* gewöhnliche Unternehmensstrukturen, Feedback-Kulturen sowie Vorgehens-, Denk- und Kommunikationsweisen nicht einfach als gegeben hinnehmen, sondern sich der Evolution und Weiterentwicklung verschrieben haben. Sie werden sicherlich nicht umgebracht, doch sie werden massiven Gegenwind bekommen von Menschen, die großen Nutzen aus dem aktuellen, machtgetriebenen Hierarchiespiel ziehen, oder von der Masse der Menschen, die Veränderung fürchten. Das ist durchaus verständlich. Überlegen Sie einmal, wie es Ihnen ginge, wenn Sie Ihr bisheriges Leben lang dachten, die Erde sei flach und plötzlich würde Ihre Weltsicht und Ihr Glaubenssystem komplett auf den Kopf gestellt.

Für *Edgeworker* ist es dennoch möglich, einen neuen Kontext im bisher vorherrschenden Kontext zu halten und eine Brücke zu schlagen, die es anderen Menschen ermöglicht, den neuen Kontext schrittweise anzunehmen, so dass er sich letztendlich etablieren kann. Dazu braucht es bestimmte Fähigkeiten und Voraussetzungen, doch dazu später mehr.

Wenn Sie die *Landkarte der sich entwickelnden Landkarten* noch einmal betrachten, ergibt sich aus dem Wechsel von der alten zur neuen Landkarte eine interessante Frage: Hat sich die physische Erde tatsächlich verändert? Die Antwort lautet „Nein". Was sich verändert hat, ist lediglich die Sichtweise über die Erde. Dadurch wird deutlich, dass Sie nicht mit der Welt an sich interagieren, sondern mit der Art und Weise, wie Sie über die Welt denken, d.h. mit Ihren mentalen Landkarten über die Welt. Der Kontext, in dem Unternehmen aktuell agieren, ist also der Kontext der runden Erde. Die spannende Frage ist, wie sieht die nächste Landkarte aus?

Sie fragen sich jetzt vielleicht: „Die nächste Landkarte? Aber die Erde **ist** doch rund!" Nun, die Menschen aus dem Zeitalter der flachen Erde waren sich damals auch sicher, dass die Erde flach **ist**. Spannend ist die Frage: „Was steht zwischen Ihnen und einer neuen Landkarte mit neuen Möglichkeiten und Unterscheidungen? Warum sehen Sie diese nicht?" Dies wird im Folgenden deutlich.

Matrixaufbau und Boxtechnologie

Bereits Albert Einstein sagte, dass ein Problem nicht auf der gleichen Bewusstseinsebene gelöst werden kann, auf der es entstanden ist. Der Aufbau eines neuen Kontextes hat folglich etwas damit zu tun, eine neue Bewusstseinsebene zu erreichen. Um mehr Bewusstsein zu haben, bauen *Edgeworker* sogenannte *Matrix* auf. Matrix ist die energetische Struktur, auf der Bewusstsein wachsen kann; genauso wie Kletterrosen ein spezielles Gitter benötigen, um wachsen zu können. Wie die *Landkarte des Aufbaus von Matrix* zeigt, würden die Rosen ohne diese Gitterstruktur nur ärmlich am Boden herumkriechen. Matrix ist wie das Klettergerüst, an dem Bewusstsein wachsen kann.

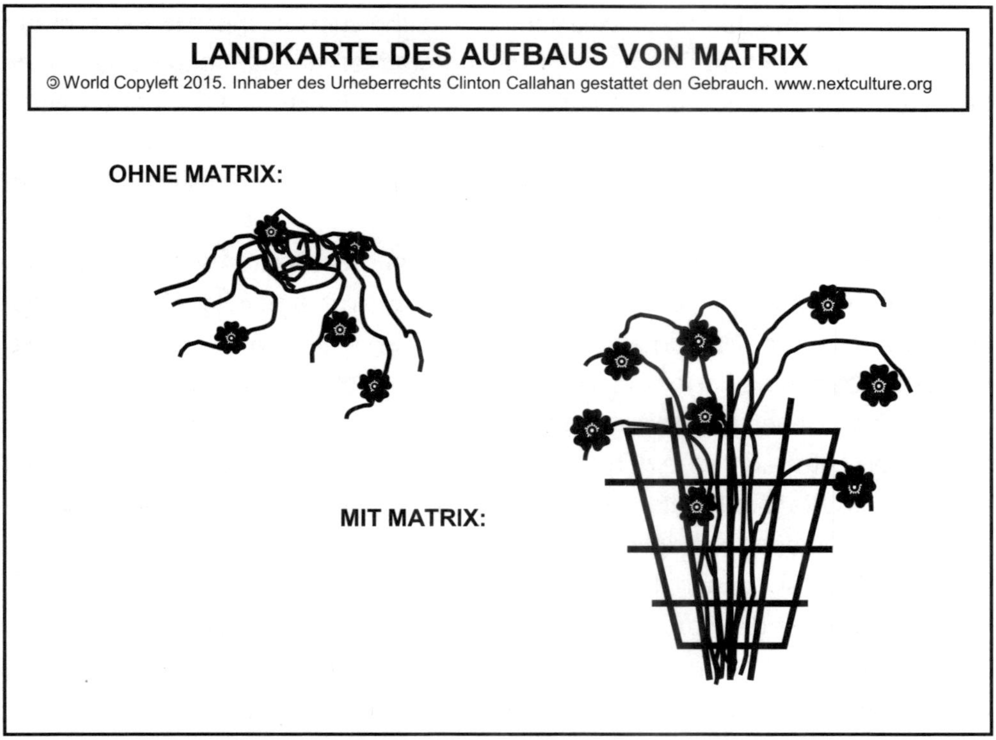

Landkarte 6: Aufbau von Matrix

Eine erweiterte Matrix verleiht Ihnen die Fähigkeit, sich in neue Bereiche des Bewusstseins vorzuwagen und in einem neuen Bewusstseinskontext zu leben.

Matrix wird unter anderem aufgebaut, wenn Sie Unterscheidungen erhalten. Eine Unterscheidung teilt eine Gruppe von Dingen in zwei oder mehr Gruppen ein, indem sie wichtige, doch zuvor unbekannte Unterschiede wahrnimmt. Das Treffen von Unterscheidungen gibt Ihnen eine Klarheit, die Sie vorher nicht hatten. Klarheit lässt Wahlmöglichkeiten erkennen, die Sie vorher nicht gesehen haben. Neue Wahlmöglichkeiten erlauben Ihnen, Maßnahmen zu ergreifen, die Sie nie zuvor ergriffen haben. Diese neuen Aktionen können Lebendigkeit, Begeisterung und Möglichkeiten wachrufen, an deren Existenz Sie bisher nicht geglaubt haben. Wenn Sie beispielsweise zum ersten Mal eine Geschäftsreise nach China machen, dann erhalten Sie womöglich die Unterscheidung, dass bestimmte Gepflogenheiten im Business Kontext üblich sind, die dazu dienen, dass kein Geschäftspartner sein Gesicht verliert und gleichzeitig zeigt, dass er den anderen respektiert. Sie beobachten möglicherweise, dass die Visitenkarte mit beiden Händen und einer Verbeugung überreicht wird und ein direktes Nein als Antwort vermieden wird. Vielleicht erklärt Ihr chinesischer Handelspartner Ihnen, wieso das so ist. Dann haben Sie in dem Moment eine neue Unterscheidung und können dadurch ein neues Bewusstsein halten. Mit der neuen Wahlmöglichkeit des Handelns wächst gleichzeitig auch der Grad an Verantwortung, denn Sie können bei Ihrem zweiten Besuch in China beispielsweise nicht mehr die Ausrede benutzen: „Das wusste ich nicht."

Durch das Treffen von Unterscheidungen, nehmen Sie immer feinere Details wahr. Doch Achtung – Unterscheidungen haben nichts mit Regeln oder Glaubenssätzen zu tun. Nur Unterscheidungen haben eine Verbindung zur Realität und ermöglichen es *Edgeworkern,* eine neue Realität zu erzeugen.

Um einen neuen Kontext erzeugen und letztendlich neue Resultate erzielen zu können, ist es entscheidend, eine neue Ebene des Bewusstseins zu erreichen, indem Sie Ihre mentale Software durch neue mentale Landkarten aktualisieren. Ohne diesen Schritt werden Sie weder neue Möglichkeiten sehen, noch neue Ergebnisse erzielen. Es ist essentiell, dass Sie Ihre *Box* erweitern.

Was genau ist die Box? Andere Begriffe dafür wären zum Beispiel folgende: Ihre persönliche Weltsicht, Ihr Ego, Ihre Identität, Ihre Persönlichkeit, Ihr Glaubenssystem, Ihre Überlebensstrategie oder Ihr Verteidigungsmechanismus. Die Box funktioniert wie ein gigantischer Filter, der alles filtert, was Sie wahrnehmen und ausdrücken.

Woraus besteht die Box? Sie besteht aus Glaubenssätzen, Haltungen, Meinungen, Regeln und Normen, kulturellen Prägungen, Erziehung, Annahmen, Entscheidungen, Erfahrungen, Gründen, Vorstellungen, Ideen, Traditionen, Geschichten über Umstände, Erwartungen, Schlussfolgerungen etc. All das formt Ihre Box. Die Box ist nicht gut und nicht schlecht. Wenn Sie sich jedoch vollständig damit identifizieren – und das tun die meisten Menschen – dann produziert das bestimmte Ergebnisse, die Sie möglicherweise nicht haben möchten, und hindert Sie daran, Ihr volles Potenzial zu entfalten. Dann haben Sie beispielsweise wiederkehrende Konflikte mit Personen, regen sich über bestimmte Dinge auf, tun andere Dinge wiederum nicht, aus Angst, das gewohnte Terrain zu verlassen, finden keine innovativen Lösungen oder folgen nicht Ihrer eigentlichen Bestimmung. Das ist wie gesagt nicht gut und nicht schlecht. Es hängt lediglich mit dem ursprünglichen Zweck der Box zusammen, über den sich die Wenigsten bewusst sind.

Was ist der höchste Zweck der Box? Es ist Überleben, Komfort, Schutz und Kontrolle. Ihre Box mit all den genannten Eigenschaften hat Ihnen in der Vergangenheit eine gewisse Stabilität und Sicherheit gegeben. Dieser defensive Mechanismus hat prima funktioniert, denn schließlich haben Sie bisher überlebt, oder? Der defensive Boxmechanismus ist jedoch genau derjenige, in dem gewöhnliche Manager (und auch die Masse der Bevölkerung) meist feststecken. Der defensive Boxmechanismus ist vollständig auf Verteidigung und Kontrolle ausgerichtet und darauf, alles so zu belassen, wie es ist. Hauptsache die Dinge sind sicher, planbar und kontrollierbar. Es ist der Mechanismus von Managern, die glauben, es ginge darum, in der Hierarchie möglichst weit nach oben zu kommen, Macht auszuüben und hohen Profit zu erzielen. Die Box stabilisiert den gegenwärtigen kulturellen Kontext.

Auch *Edgeworker* haben eine Box, doch sie sind in der Lage, eine wesentliche Unterscheidung zu treffen: **Sie haben eine Box. Sie sind nicht ihre Box. Die anderen sind auch nicht ihre Box.**

Wenn Sie das verstehen und Ihre Weltanschauung in einen neuen Kontext bringen, so dass sie diese eine Idee mit einschließt, werden Sie für den Rest Ihres Lebens nie wieder einen Konflikt mit einer anderen Person haben. Sie werden sehen, dass kein Konflikt, der aufkommt, der Ihrige ist. Es ist der Konflikt Ihrer Box. Und Ihre Box hat keinen Konflikt mit der anderen Person. Ihre Box hat einen Konflikt mit der Box der anderen Person. Die Tatsache, dass Ihre Box einen Konflikt mit der Box der anderen Person hat, bedeutet nicht, dass Sie auch einen Konflikt mit der anderen Person haben. Die Unterscheidung zwischen Ihnen und Ihrer Box bedeutet, dass Sie nicht in Aktion treten müssen, wenn es Ihnen von Ihrer Box diktiert wird – egal, was passiert. Es ist nur Ihre Box.

LANDKARTE DER BOXTECHNOLOGIE

DIE BOX STEHT ZWISCHEN IHNEN UND DER UNBEGRENZTEN VIELZAHL IMMERWÄHRENDER MÖGLICHKEITEN

Die Box kontrolliert, was Sie wahrnehmen können, was Sie ausdrücken können, was Sie fühlen und was Sie als richtig oder falsch erachten.

Andere Bezeichnungen:
Weltanschauung, Glaubenssystem, Ego, Komfortzone, Psyche, Mindset, Identität, Überlebensstrategie, Verteidigungsmechanismus, Persönlichkeit.

Zweck:
Überleben
Komfort
Schutz
Kontrolle

Besteht aus:
Glaubenssätzen
Haltungen
Schlussfolgerungen
Erwartungen
Kultur
Regeln
Meinungen
Erziehung
Geschichten
Annahmen
Entscheidungen
Erfahrungen
Gründen
Vorstellungen
Ideen
Traditionen
etc.

DIE BOX

Ein gigantischer Filter bzgl. Wahrnehmung und Ausdruck.

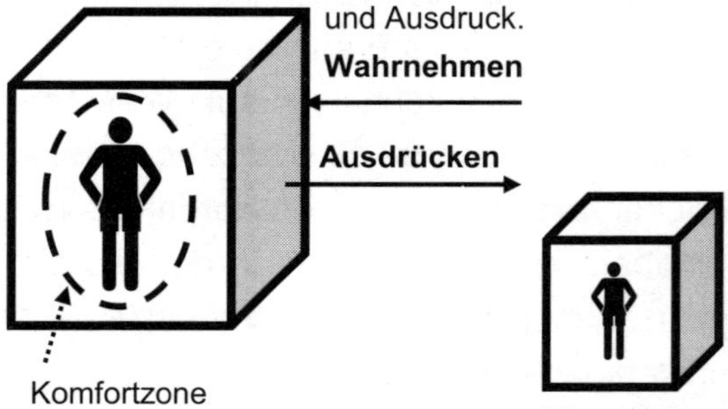

Komfortzone Ihrer Box

Die anderen haben auch eine Box.

Boxmodus:
1) Defensiv
2) Expansiv

DIE BOX UNTERSCHEIDUNG:
Sie haben eine Box. Sie sind nicht Ihre Box. Genausowenig sind es die anderen!

Landkarte 7: Boxtechnologie

Das gibt Ihnen enorme Bewegungsfreiheit. Sie brauchen nicht mehr automatisch zu reagieren. Wenn ein Kollege sich beispielsweise bei Ihnen beschwert oder Sie ins Unrecht setzt, dann können Sie komplett neutral und gelassen bleiben, während Ihr Box-Mechanismus auf Gefechtsstation gehen würde. Sie können eine Lücke machen zwischen sich und Ihrer Box und sehen „Aha, der Boxteil in mir würde den Kollegen jetzt am liebsten in Grund und Boden argumentieren und zeigen, dass ich die stärkere Position habe", doch Sie müssen das nicht ausagieren. Gleichzeitig können Sie beobachten, dass die Box des Kollegen – seine persönliche Verteidigungsstrategie – aktiv ist.

Edgeworker sind in der Lage, eine Lücke zwischen sich und ihrer Box zu machen. Sie sind nicht mit ihrer Box verhaftet, sondern bereit, durch das Übernehmen von radikaler Verantwortung vom defensiven in den sogenannten expansiven Boxmodus zu wechseln. In einem expansiven Modus sind Sie in der Lage zu deklarieren: „Etwas völlig anderes ist möglich, genau **jetzt**!" Sie wachen nicht mehr morgens auf und beginnen direkt, Ihre Feinde in der Firma zu zählen, zu überlegen, auf wen Sie als nächstes Druck ausüben können oder welche schwierige Aufgabe heute schon wieder auf Sie wartet. In einem expansiven Boxmodus sind Sie bereit für neue Abenteuer, Lernen, neue Experimente, Erfahrungen und vor allem sind Sie auch bereit, Fehler zu machen und Feedback zu bekommen.

Grundsätzlich ist die Box darauf ausgelegt, im Alter von ca. 15 Jahren vom defensiven in den expansiven Modus zu wechseln. Das ist das Alter, in dem in anderen Kulturen rituelle Übertritte vom Jugendalter ins verantwortliche Erwachsensein abgehalten werden. Doch in der gegenwärtigen westlichen Gesellschaft wird nichts dergleichen zur Verfügung gestellt. Stattdessen lernen Sie in der Schule, im Studium und im Job, dass es entscheidend ist, mehr und mehr Wissen anzusammeln und darauf Ihre Kompetenz und Ihren Wert aufzubauen. Das Fehlen eines transformatorischen Übergangs vom Jugendlichen zum Erwachsenen führt primär dazu, dass die Gesellschaft maßgeblich – provokativ gesagt – aus unverantwortlichen Heranwachsenden besteht. Das heißt, dass mit großer Wahrscheinlichkeit auch viele Manager und Führungskräfte großer Unternehmen oder sogar Präsidenten und Landes-Chefs im Stadium des unverantwortlichen Heranwachsenden steckengeblieben sind, ohne es zu wissen. Dies ist ein Umstand, dessen Auswirkungen heute am Zustand der Wirtschaft, der Gesellschaft und des Planeten Erde sichtbar werden. Um bei der Wirtschaft zu bleiben: Wozu führt es, wenn ein Topmanager mit smartem, brillantem Köpfchen Werte vorlebt, die von Konkurrenz, Machtgier und Egoismus geprägt sind, so dass Mitarbeiter das Vertrauen in die Unternehmenskultur und damit in das Unternehmen selbst verlieren? Wozu führt es, wenn ein Manager zwar fachlich exzellent, jedoch nicht in der Lage ist, Konflikte mit seinem Team konstruktiv und auf Augenhöhe zu lösen? Schauen Sie sich die derzeitige Wirtschaft an und die Antwort auf diese Fragen wird deutlich.

Ein *Edgeworker* ist bereit, sich nicht länger mit seiner Box zu identifizieren, sie nicht mehr in den Mittelpunkt zu stellen. Wenn Sie mit Ihrer Box identifiziert sind, dann kreist alles in Ihrem Leben, im Job um das, was Ihr Ego meint, erreichen zu müssen. Gewöhnliche Manager sind z. B. fokussiert auf Geld, Prestige, Macht, Einfluss etc. *Edgeworker* haben hingegen einen ganz anderen Ansatz. Sie stellen ihre Box, ihr Ego in den Hintergrund und dienen etwas Größerem als ihrer Box. Sie stehen im Dienst von sogenannten hellen Prinzipien, deren Absicht es ist, Evolution voranzutreiben. Dazu später mehr.

Der Wechsel des Fokus weg vom reinen Überlebensmechanismus der Box dahin, sich als *Edgeworker* in den Dienst von etwas Größerem oder Ihrer tatsächlichen Bestimmung zu stellen, ist für die Box beängstigend, denn dieser Wechsel bedeutet, Sicherheit aufzugeben, die Komfortzone innerhalb Ihrer Box zu verlassen und sich in unbekanntes Gebiet zu begeben.

Doch selbst das Aufgeben der Sicherheit und der Komfortzone kann zu einer neuen Normalität werden, die Ihnen Flügel verleiht. Um diesen Zustand zu erreichen, bedarf es indes eines entscheidenden Schrittes: Sie durchlaufen den sogenannten Flüssigzustand.

Risiken und Nebenwirkungen: Der Flüssigzustand

Jeder Mensch, und damit auch jede Führungskraft, hat eine Box. Wie können Sie nun vom defensiven in den expansiven Boxmodus wechseln, um neue Resultate zu erzielen? Die erste Herausforderung besteht darin, dass die Box aus einem ziemlich harten Material ist. Denken Sie an das härteste Material, das Sie sich vorstellen können, härter noch als Diamant. Daraus besteht die Box, und dieses Material gilt es zu verändern.

Als *Edgeworker* sind Sie zunächst einmal bereit, aus Ihrer gewohnten Box auszubrechen. Es geht nicht darum, Ihre Box loszuwerden oder außerhalb Ihrer Box zu leben. Ganz ohne Box wären Sie komplett strukturlos und würden wie Wasser ohne ein Gefäß in alle Richtungen zerfließen. Es geht vielmehr darum, aus der Komfortzone herauszukommen und die Box zu erweitern, sprich ihre Form zu verändern. Dies erfordert bei einem harten Material einen transformatorischen Prozess. Stellen Sie sich vor, Sie haben einen Haufen Silbertaler und möchten daraus eine kunstvolle Schale machen. Was müssen Sie dafür tun? Sie erhitzen das Silber, bis es komplett flüssig ist und gießen es dann in eine neue Form. Danach müssen Sie nur warten, bis das Metall abkühlt. Anschließend nehmen Sie die Form ab und „Traraaa" – Sie haben eine Silberschale, in der Sie Obst oder andere Dinge aufbewahren können. Durch die neue Form entsteht automatisch eine neue Funktion. Was vorher ein Zahlungsmittel war, wird durch die Formveränderung zu einer Schale, in der man etwas aufbewahren kann. Die Funktion folgt der Form.

Ähnlich verhält es sich mit der Box. Um Ihre Box in eine neue Form zu bringen, ist es gleichermaßen notwendig, einen Flüssigzustand zu durchlaufen. Dieser kann sich sehr unterschiedlich anfühlen. Einerseits kann er sich beängstigend, verwirrend, chaotisch, gefährlich, rebellierend und überfordernd anfühlen. Andererseits kann er sich auch freudvoll, leicht, warm und geradezu ekstatisch anfühlen. Eines steht jedoch fest:

Kein Flüssigzustand – keine Veränderung!

LANDKARTE DES FLÜSSIGZUSTANDS

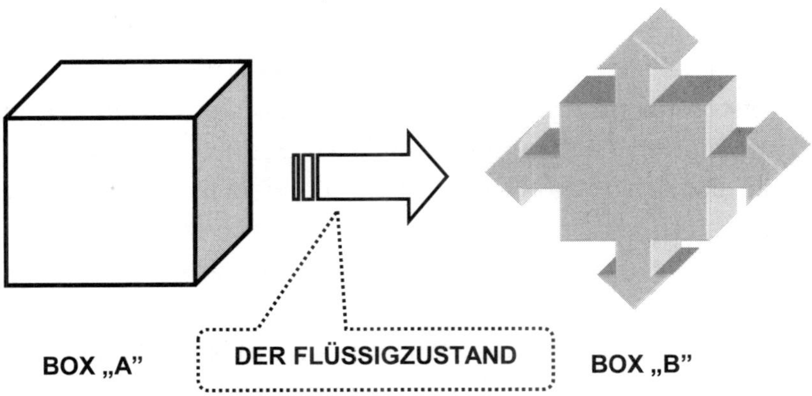

Ohne Flüssigzustand kann die Box ihre Form nicht ändern. Ohne eine neue Form wird die Box die gleichen alten Ergebnisse erzeugen. Nur authentische Flüssigzustände führen zur Boxerweiterung. Unterschätzen Sie nicht den Wert des Flüssigzustands.

Landkarte 8: Flüssigzustand

Edgeworker scheuen diesen Flüssigzustand nicht, sondern erkennen ihn als das an, was er ist: ein Übergang zur Erweiterung ihrer Box und eine Notwendigkeit für nachhaltige Veränderung. Dabei ist es hilfreich zu wissen, dass dieser Flüssigzustand in verschiedenen Körpern auftreten kann. Entgegen der vielleicht gängigen Lehrmeinung haben Sie nicht nur einen physischen Körper, sondern insgesamt vier Körper. (In anderen Traditionen wird sogar von mehr als vier Körpern gesprochen.) Die *Landkarte der vier Körper* verdeutlicht dies.

Der **physische Körper** besteht aus Knochen, Muskeln, Organen etc. und hat Sinne und Empfindungen. Er ist das, was gemeinhin als Körper bezeichnet wird. Physischer Flüssigzustand zeigt sich z. B. in Übelkeit, Kopfschmerzen, Schwindel, oder – auf der anderen Seite – in der Ausschüttung von Endorphinen, was sich als körperlich spürbare Ekstase wahrnehmen lässt.

Der **intellektuelle Körper** ist Ihr Verstand, welcher Gedanken, Meinungen und Ideen hat. Intellektueller Flüssigzustand kann sich in Verwirrung und Zweifeln äußern, z. B. wenn Sie nicht wissen, wie Sie ein Problem lösen sollen. Im anderen Extrem kann er sich in Erlangen von Klarheit, dem Treffen von Entscheidungen oder dem Lösen eines Problems äußern.

Der **emotionale Körper** ist das Herz mit seinen Gefühlen, die in die vier großen Gefühlsbereiche Wut, Traurigkeit, Freude und Angst aufgeteilt werden können. Dazu später mehr. Emotionaler Flüssigzustand zeichnet sich durch das Zurückhalten von Gefühlen oder das Vermischen von Gefühlen aus, wie z. B. bei Depression, Neid oder Eifersucht. Es kann passieren, dass Sie sich komplett überwältigt oder abgeschnitten von Ihren Gefühlen fühlen.

Der **energetische Körper** umfasst Ihr Sein, das Präsenz, Vision, Bestimmung oder Absicht hat. Energetischer Flüssigzustand kann sich äußern in Existenzangst, der Illusion des Getrenntseins oder dem Eindruck, vom rechten Weg abgekommen zu sein. Im anderen Extrem kann sich der Flüssigzustand auch in der Euphorie darüber zeigen, zur rechten Zeit am rechten Ort zu sein oder sich mit allem verbunden zu fühlen.

Welcher dieser vier Körper ist in der gewöhnlichen Kultur am stärksten ausgeprägt und erhält am meisten Nahrung? Es ist eindeutig der intellektuelle Körper. In der Schule, später in der Ausbildung bzw. im Studium und letztendlich danach im Job werden Sie mit Informationen gefüttert und darin trainiert, dass Wissen Macht bedeutet. Lediglich der physische Körper wird ebenfalls durch Nahrungsaufnahme und Bewegung etwas genährt und trainiert. Der emotionale und der energetische Köper bleiben jedoch weitestgehend unberücksichtigt. Dadurch nutzen die meisten Menschen nicht das komplette

Potenzial all ihrer vier Körper. Die meisten Menschen entwickeln sich zu Kopfmenschen und meinen, sie seien ihr Verstand. Sogar der Begriff emotionale Intelligenz macht deutlich, dass es üblich ist zu versuchen, Gefühle mit dem Verstand anzugehen.

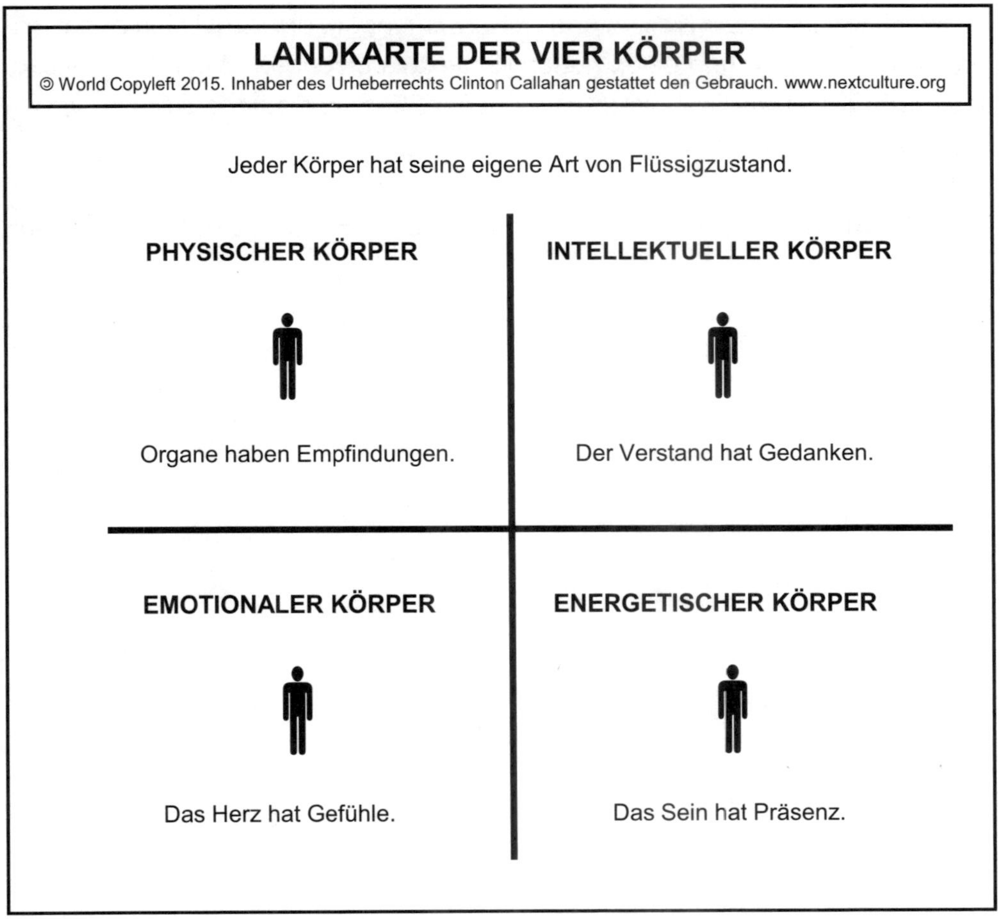

Landkarte 9: Vier Körper

Es ist hilfreich, diese Unterscheidung über die vier Körper zu kennen. Wenn Sie sich z. B. verwirrt fühlen und bisher dachten, dies sei ein Gefühl, wissen Sie jetzt, dass dies eine Reaktion Ihres intellektuellen Körpers auf Veränderung ist. Also kein Grund zur Besorgnis!

Ein *Edgeworker* entwickelt bewusst das Potenzial, die Weisheit aller vier Körper zum Einsatz zu bringen. Diese Entwicklung bringt zwangsläufig Flüssigzustände mit sich.

Um einen neuen Kontext aufzubauen, ist es notwendig, dass *Edgeworker* ihr Bewusstsein auf eine neue Ebene bringen, um in der Lage zu sein, über die Grenzen ihrer Box hinauszublicken und tatsächlich radikale Verantwortung für Resultate zu übernehmen. Um diesen neuen Bewusstseinszustand zu erreichen, ist es unvermeidlich, durch Flüssigzustände zu gehen.

Jetzt kennen Sie die Risiken und Nebenwirkungen, die es mit sich bringt, ein *Edgeworker* zu sein und einen neuen Kontext zu erzeugen. Wenn Sie weiterlesen, dann riskieren Sie, Einsichten zu haben, Flüssigzustände zu erleben und Boxreaktionen zu durchlaufen.

Sind Sie bereit? In den folgenden Kapiteln geht es im Detail darum, was einen *Edgeworker* in Abgrenzung zur gewöhnlichen Führungskraft auszeichnet.

Kapitel 4:

Edgeworker ermöglichen ein neues Spiel

Haben Sie sich schon einmal die Frage gestellt, warum einige Projekte in Unternehmen reibungslos laufen und die Mitarbeiter motiviert bei der Sache sind, während andere Projekte nur schleppend vorangehen bzw. warum einige Menschen mit Leichtigkeit ein Team um sich scharen und Aufmerksamkeit und Begeisterung gewinnen, während andere ihre Machtposition nutzen müssen, um überhaupt Mitarbeiter für Projekte zusammenzustellen? Es liegt an der Art von Spiel die vorherrscht, an der Spielwelt, die angeboten wird.

Spielwelten

Jeder Mensch ist das Zentrum einer oder mehrerer sogenannter Spielwelten. Sie können sich eine Spielwelt wie ein Sonnensystem vorstellen, mit einem leuchtenden Stern im Zentrum und mehreren Planeten in dessen Umlaufbahnen. Erst die Kombination von einem Stern und Planeten ergibt ein Sonnensystem. Ein Stern ohne Planeten hätte keinen großen Sinn. Er würde einsam strahlen und seine Energie würde ungenutzt in den Weiten des Weltalls verpuffen. Ebenso sind Planeten ohne einen Stern nur riesige leblose Gesteinsbrocken, die durch das Universum treiben. Planeten werden jedoch in die Umlaufbahn von Sternen gezogen, deren Energie und Spielwelt für sie attraktiv erscheint, an deren Spielen sie gerne teilhaben wollen. Zusammen werden Sterne und Planeten so durch unterschiedlichste Interaktionen zu einem lebendigen Organismus, der sich entwickelt, und in dem unterschiedliche Dinge möglich sind – sie werden zu einer Spielwelt. Spielwelten können klein oder groß sein, einfach oder komplex. Bei einer Spielwelt kann es sich um eine Familie handeln, eine Abteilung, ein Projekt, ein Unternehmen, eine Initiative, ein Land, ein Fußballteam, eine

Theatergruppe und vieles mehr. Allen Spielwelten ist gemein, dass sie sich um ein energetisches Zentrum herum bewegen und durch die Energie, die diese Spielwelt durchströmt, zusammengehalten werden.

So ist jede Führungskraft – bewusst oder unbewusst – ebenfalls Zentrum einer Spielwelt, z. B. der Spielwelt *Abteilung Marketing* oder *Projekt Nachhaltigkeit*. Es kann sogar sein, dass Ihre Spielwelt aus dem kompletten Unternehmen besteht, wenn Sie Geschäftsführer oder Inhaber einer Firma sind. Die Planeten in Ihrer Umlaufbahn können Mitarbeiter, Kunden, Lieferanten, Kooperationspartner, Konkurrenten usw. sein, die selbst wiederum Zentren ihrer Spielwelten sind. Die Qualität der Beziehungen, die Sie mit den Menschen in Ihrer Spielwelt erzeugen, sowie die Resultate, die Sie in Ihrer Spielwelt erzielen, werden sehr stark davon abhängen, wie viel und welche Art von Energie Sie der Spielwelt zur Verfügung stellen und welche Art von Spiel in Ihrer Spielwelt vorherrscht.

Die Spielwelt nähren und vergrößern

Führen Sie sich noch einmal das Bild des Sonnensystems vor Augen, bei dem Planeten um einen Stern kreisen, und erinnern sich an den Physikunterricht. Welche Kraft ist es, die Planeten in der Umlaufbahn eines Sterns hält? Es ist unter anderem die Gravitation, also die Anziehungskraft, die dafür verantwortlich ist. Übertragen auf die Spielwelt heißt dies: Je größer die Anziehungskraft im Zentrum der Spielwelt ist, desto stabiler und größer ist auch die Spielwelt selbst. Wenn eine Führungskraft ihre Spielwelt also stabiler werden lassen will oder sie vergrößern will, d.h. mehr Mitarbeiter, mehr Kunden, mehr Aufträge usw. in ihre Spielwelt holen will, dann ist es notwendig, dass sie ihre Anziehungskraft vergrößert. Die Anziehungskraft hängt aber direkt proportional mit der Masse der Objekte im System zusammen. Das heißt, um die Anziehungskraft zu erhöhen, ist es notwendig, dass im Zentrum der Spielwelt mehr Masse entsteht. Dadurch würde die Führungskraft ihrer Spielwelt mehr Energie und damit energetische Nahrung zur Verfügung stellen können.

Eine Möglichkeit, mehr Anziehungskraft zu erzeugen, besteht darin, zu einer schillernden, charismatischen und beeindruckenden Persönlichkeit zu werden, die in der Lage ist, die Massen zu begeistern. Eines der bekanntesten Beispiele dafür, durch die eigene Persönlichkeit eine Spielwelt am Laufen zu halten und ständig zu vergrößern, war Steve Jobs. Er war in der Lage, durch seine immense Ausstrahlung und sein Charisma eine Spielwelt zu kreieren, die zum jetzigen Zeitpunkt immer noch mit dem höchsten Geschäftswert gehandelt wird: die Marke Apple. Diese Art der Anziehungskraft birgt allerdings eine Gefahr, da sie durch die Steigerung von **Ego**-Masse im Zentrum der Spielwelt erreicht wird. Die Spielwelt ist damit sehr stark bezogen auf die eine Person im Zentrum. Daraus kann ein Personenkult entstehen, der die Mitglieder der Spielwelt in eine Art hypnotische Abhängigkeit treibt. Ein weiteres Risiko besteht darin, dass die Spielwelt zusammenbricht, sobald die Person im Zentrum nicht mehr zur Verfügung steht. Wie sich Apple nach dem Tod von Steve Jobs langfristig entwickeln wird, bleibt abzuwarten.

Eine weitere Möglichkeit, wie Führungskräfte bzw. Manager in der gewöhnlichen Kultur versuchen, die Anziehungskraft in ihrer Spielwelt zu vergrößern, geschieht durch den erhöhten Einsatz ihrer eigenen persönlichen Energie, sei es in Form von Überstunden oder dadurch, dass sie sich um alles selbst kümmern. Dieser Einsatz mag zwar kurzfristig Wirkung zeigen und für Mitarbeiter und Kunden eine Zeitlang anziehend wirken. Langfristig führt es jedoch dazu, dass die Führungskraft ihre gesamte Kraft und Energie verbraucht und zum erschöpften, überarbeiteten Vorgesetzten mutiert, der jeden Urlaub dafür benötigt, die eigenen Energiereserven wieder aufzuladen oder schlimmstenfalls im Burnout endet. Die Spielwelt hat dann kaum noch Energie zu überleben und hört daher auf, zu funktionieren und zu wachsen. Die Mitglieder der Spielwelt (Mitarbeiter, Kunden etc.) werden anfangen, sich von der Spielwelt abzuwenden und sich an anderen Orten nach energetischer Nahrung umzusehen, die ihnen attraktiver erscheint.

Wie können Sie daher die Masse im Zentrum erhöhen, ohne in einem Personenkult oder im Burnout zu enden? Ein *Edgeworker* erhöht die Masse im Zentrum seiner Spielwelt dadurch, dass er etwas Größerem dient als sich selbst. Etwas Größeres, das anziehend und attraktiv genug ist und gleichzeitig auch mehr Energie zur Verfügung stellen kann, als es ein einzelner Mensch, eine Führungskraft, tun kann. Hier ein Beispiel:

Martin Müller betreibt ein kleines Lebensmittelgeschäft in einer Kleinstadt – Martin Müller Lebensmittel. Das Geschäft läuft ganz okay – es reicht zum Leben. Herr Müller hat einen bestimmten Kreis von Stammkunden, die immer wieder bei ihm einkaufen. Die Ware muss er hauptsächlich selbst vom Großmarkt holen. Irgendwann entscheidet sich Herr Müller, sein Geschäft zu vergrößern und es mehr auf Prinzipien auszurichten, die ihm wirklich am Herzen liegen. Er schließt sich der Händlergemeinschaft ECHT BIO an. Aus Martin Müller Lebensmittel wird ein ECHT BIO Laden und damit ein Fachgeschäft für Naturkost. Er kann seinen Kunden jetzt ein exklusives Angebot bieten, das beispielsweise regionale Produkte beinhaltet, kompetente Beratung zu gesunder Ernährung, Genuss und Lebensfreude und die Garantie, dass die Herkunft seiner Bioprodukte mindestens der EU-Biorichtlinie entspricht. Auf einmal dient Herr Müller etwas Größerem als sich selbst, nämlich den Prinzipien des Verbundes, dem er sich angeschlossen hat, wie z. B. Gemeinschaft, Nachhaltigkeit, Transparenz, Qualität, Vielfalt, Fairness und Gesundheit. Seine Spielwelt wird automatisch dadurch größer, dass sich mehr Menschen von diesen Prinzipien angezogen fühlen als lediglich von Martin Müller als Person. Es werden Kunden, Mitarbeiter und Lieferanten in seine Spielwelt eintreten, die sich zu diesen Prinzipien hingezogen fühlen oder vielleicht sogar selbst diesen Prinzipien dienen. Durch die Zusammenarbeit mit Gleichgesinnten profitiert er außerdem von Synergieeffekten, wie z. B. einem gemeinsamen ECHT BIO Internetauftritt.

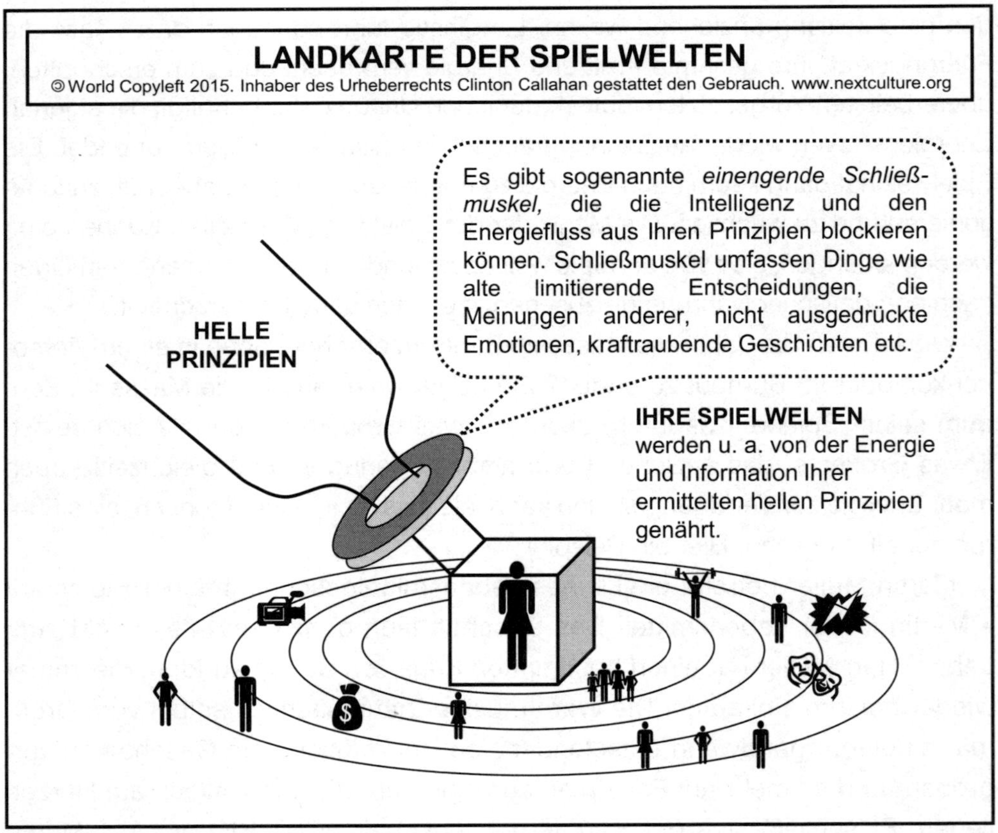

Landkarte 10: Spielwelten

Wenn in einer Spielwelt überpersönliche helle Prinzipien am Werk sind, ist automatisch mehr Masse im Zentrum der Spielwelt vorhanden, da Prinzipien allumfassender sind als eine Person. Sie sprechen auch eine größere Zielgruppe an, da sie allgemeingültig sind. Die Spielwelt wird von den gemeinsamen Prinzipien zusammengehalten und genährt. Die Person im Zentrum der Spielwelt dient dann als *Raumhalter* für die gemeinsamen Prinzipien. Sie hält einen energetischen Raum, so dass die Prinzipien in der Spielwelt ihre Wirkung entfalten können und diese mit Energie und Nahrung versorgen können. Allein diese Vorstellung mag für viele Menschen im herkömmlichen Firmenkontext sonderbar sein. Schließlich lag der Fokus in der Vergangenheit auf persönlichem Einsatz, Leistung und dem Einbringen der eigenen Energie. Das wurde belohnt. Gleichzeitig war und ist das jedoch auch der Grund für die fortschreitende Burnout-Rate und das Auftauchen von immer mehr psychosomatischen Krankheiten.

Ein *Edgeworker* ist sich darüber bewusst, dass er im Zentrum einer Spielwelt steht und dieser am besten dient, wenn er sich in den Dienst von etwas Größerem stellt als sich selbst. Er wird zum aktiven Raumhalter für die überpersönlichen Prinzipien, die in seiner Spielwelt wirken sollen. Damit setzt er nicht mehr die übliche, Ego-getriebene Energie ein und opfert sich auch nicht selbst für Projekte auf. Vielmehr wird er selbst durch die Ausrichtung auf eine Vision und größere Prinzipien genährt. Zudem ist er sich bewusst darüber, dass die hellen Prinzipien, denen er dient, nur in dem Maße durch ihn hindurch in der Spielwelt wirken können, in welchem er den Griff der sogenannten *einengenden Schließmuskel* löst. Dabei handelt es sich beispielsweise um alte, limitierende Entscheidungen, unausgedrückte Emotionen, kraftraubende Geschichten etc., welche die Intelligenz und den Energiefluss der hellen Prinzipien blockieren. Ein *Edgeworker* ist verpflichtet, diese Blockaden zu lösen, um der Spielwelt so viel Masse wie möglich zu geben.

Box-Orientierung versus Bestimmungs-Orientierung

Einerseits werden die Prinzipien, der eine Führungskraft dient, durch jene Prinzipien festgelegt, denen das Unternehmen dient, in welchem eine Führungskraft tätig ist. Allerdings hat auch jede einzelne Person eine Handvoll heller Prinzipien, denen sie bewusst oder unbewusst dient, ihre sogenannten Bestimmungsprinzipien. Das sind jene Prinzipien, die durch die Person, d.h. durch ihr Sein und ihr Handeln zum Ausdruck kommen, selbst wenn sich die Person darüber nicht bewusst ist. Beispiele für solche hellen Prinzipien oder Bestimmungsprinzipien sind Klarheit, Kreativität, Möglichkeit, Schönheit, Achtsamkeit, Liebe, Gemeinschaft, Teamwork, Humor, Entwicklung, Transformation, Eleganz usw. Vielleicht haben Sie schon einmal für ein Unternehmen gearbeitet, dessen Prinzipien nicht mit Ihren Prinzipien übereinstimmten. Sie hatten vielleicht eine Position inne, mit der Sie gezwungen waren, gegen eines Ihrer hellen Prinzipien zu verstoßen. Wenn z. B. eines Ihrer Prinzipien Aufrichtigkeit ist und es wurde von Ihnen bei der Ausübung Ihrer Tätigkeit erwartet, dass Sie bestimmte Einzelheiten dem Kunden gegenüber verschweigen, um einen Auftrag an Land zu ziehen, dann hat diese Arbeit Sie möglicherweise nicht sehr lange zufriedengestellt. Ein Gefühl von Sinnhaftigkeit und Zugehörigkeit bekommen Sie erst, wenn Ihre eigenen hellen Prinzipien mit denen des Unternehmens, für das Sie arbeiten, größtenteils übereinstimmen.

Wenn eine Führungskraft ihre Position bewusst und im Hinblick auf ihre Prinzipien ausgewählt hat, besteht zwischen den Prinzipien des Unternehmens und denen der Führungskraft idealerweise keine große Differenz. Dieser Umstand führt dann zu großer Identifikation und zu dem Gefühl, am richtigen Ort sinnvolle Arbeit leisten zu können. Die gewöhnliche Kultur schafft dafür aber leider nicht die Voraussetzungen. Einerseits sind oftmals die Unternehmensprinzipien nicht klar – und schon gar nicht klar kommuniziert – andererseits wissen Führungskräfte und Manager nichts über ihre Bestimmungsprinzipien. So kommt es häufig vor, dass die falschen Personen an den falschen Stellen in den falschen Unternehmen ihre Arbeit verrichten und alles andere als glücklich sind. Hat eine Führungskraft kein Bewusstsein über ihre Bestimmungsprinzipien, dann ist die Wahrscheinlichkeit groß, dass sie in ihrer Spielwelt Box-orientiert anstatt Bestimmungs-orientiert agiert.

Wie die *Landkarte der Box- versus Bestimmungs-Orientierung* zeigt, führt die gewöhnliche Boxorientierung dazu, dass gewöhnliche Führungskräfte oder Manager statt etwas Größerem zu dienen, automatisch – also unbewusst – einzig und allein dem Ziel ihrer Box dienen – nämlich zu überleben. Das heißt, statt sich zum Nutzen aller in den Dienst von hellen Prinzipien zu stellen, werden sie alles daran setzen, ihre Position zu verteidigen und niemanden an ihrem Stuhl sägen zu lassen. Ihre Spielwelt wird geprägt sein von sogenannten *Schattenprinzipien* wie z. B. Konkurrenz, Stress, Machtspielen, Rechthaberei, Positionsverhaftung, Besserwisserei und Rache. Eine derart gestrickte Spielwelt wird dadurch auch nur Mitglieder (Mitarbeiter, Kunden, Lieferanten etc.) anziehen, die ebenso boxorientiert und auf Überleben gepolt sind. Dementsprechend werden die Beziehungen und der Austausch zwischen den Mitgliedern der Spielwelt ablaufen und dementsprechend werden die Resultate sein, die diese Spielwelt zutage bringt.

LANDKARTE DER BOX- VERSUS BESTIMMUNGS-ORIENTIERUNG

Worauf liegt Ihr Fokus? Auf Ihrer Box oder auf Ihrer Bestimmung?

ALT: BOX-ORIENTIERUNG
Die Box ist das Wichtigste, und Ihre Bestimmung, Ihre Vision passt nur in kleine Lücken, die sich eventuell auftun. Sie glauben an Ihre Boxgeschichten und folgen Ihrer Bestimmung nur, wenn Sie genug Geld, Urlaub, Gesundheit, Macht und all das haben, was Ihre Box meint, haben zu müssen. Das bedeutet, dass Sie fast nie Ihre wahre Bestimmung leben. Es ist so ähnlich wie eine Zeitung, in der die Anzeigen das Wichtigste sind. Die Artikel sind nicht wichtig und werden nur irgendwie zwischen die Anzeigen gequetscht.

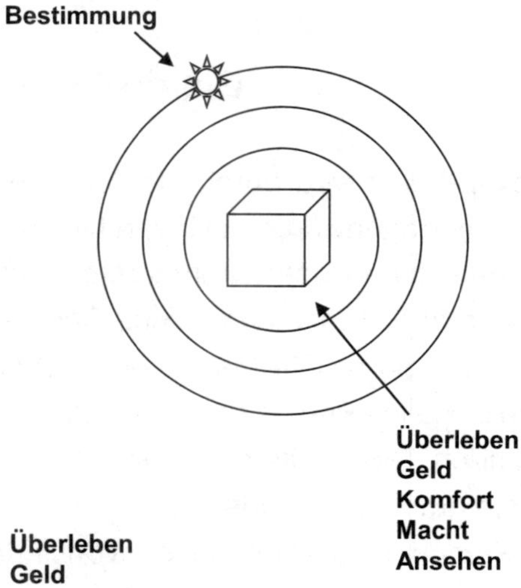

NEU: BESTIMMUNGS-ORIENTIERUNG
Ihre Bestimmung ist im Zentrum und die Bedürfnisse Ihrer Box kreisen drum herum, d.h. die Geschichten Ihrer Box bestimmen nicht mehr Ihr Leben. Stattdessen ist es Ihre Bestimmung, die Sie in eine konkrete Richtung bewegt. Mit dieser Orientierung haben Sie Geld, Ansehen, Gesundheit, Unterhaltung, Komfort, Zeit etc., wann immer Ihre Bestimmung es Ihnen erlaubt, diese Dinge zu haben. Sie müssen sich darum keine Sorgen machen. Ohne Ihr Dasein hätten die hellen Prinzipien, die Sie verkörpern, keine Möglichkeit zu agieren. Wenn Sie Ihre Hände, Ihren Mund und sich selbst komplett in den Dienst der hellen Prinzipien stellen, sind diese dankbar, sorgen für Sie und bringen Sie an Orte, von denen Sie nie zuvor geträumt hätten.

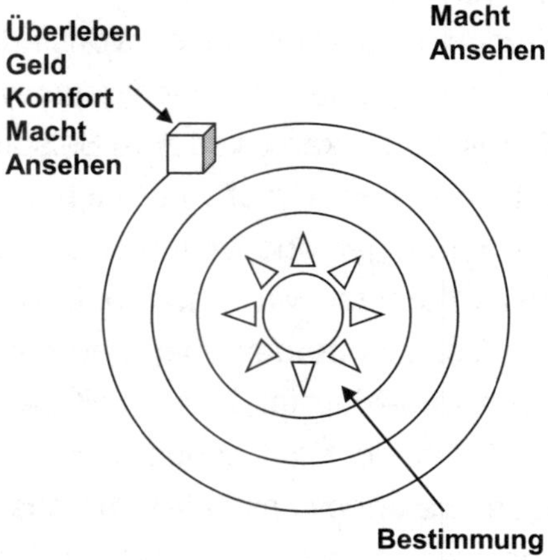

Landkarte 11: Box- versus Bestimmungs-Orientierung

Ein *Edgeworker* steigt durch persönliche Entwicklung aus seiner Boxorientierung aus. Er verschafft sich Klarheit über seine persönlichen Bestimmungsprinzipien und stellt sich bewusst in den Dienst dieser Prinzipien. Er lässt es nicht zu, dass die automatischen Überlebens-getriebenen Handlungen seiner Box die Kontrolle über seine Spielwelt übernehmen. Statt Macht und Kontrolle auszuüben, stellt er seine Führungsarbeit in den Dienst einer größeren Sache. Er wird zum Raumhalter für die hellen Prinzipien seines Unternehmens, seiner Abteilung und nicht zuletzt auch für seine eigenen Bestimmungsprinzipien, da sie sich nicht allzu sehr von den Prinzipien des Unternehmens unterscheiden.

Die drei Arten des Spiels

Jede Spielwelt wird durch die Art Spiels charakterisiert, die darin vorherrscht. Basis der gegenwärtigen Hierarchiestruktur ist ein Spiel, das sich *Niederes Drama* nennt (nach dem Dramadreieck von Dr. Stephen Karpman). Im niederen Drama gibt es drei maßgebliche Charaktere: Täter, Retter und Opfer. Dabei hat das Opfer die größte Macht, denn ohne Opfer gäbe es kein niederes Drama. Wenn sich eine Person nicht zum Opfer machen lässt, dann kann das Spiel nicht stattfinden. Des Weiteren ist das Opfer der mächtigste Charakter in dem Spiel, weil ein gutes Opfer jeden zum Täter machen kann. Es ist jedoch nicht so, dass eine Person jeweils nur einen favorisierten Charakter einnimmt. Vielmehr wechselt sie diese Positionen in Lichtgeschwindigkeit, ohne sich dessen bewusst zu sein. Ein Manager kann sich zum Beispiel in einem Moment von einem Kollegen angegriffen fühlen (Opfer), im nächsten Moment zum Gegenschlag ausholen (Täter) oder gar jemand Dritten verteidigen (Retter).

Jeder Charakter wird dabei unbewusst von ganz unterschiedlichen, unbewussten Gefühlen angetrieben und hat unterschiedliche Haltungen. Das Opfer agiert aus unbewusster Traurigkeit heraus und hat die Haltung: „Ich bin nicht okay. (Ich bin nicht gut genug, ich habe es falsch gemacht)." Der Täter agiert hingegen aus unbewusster Wut heraus und sagt über das Opfer: „Du bist nicht okay, deswegen werde ich dich los oder mache dich klein." Der Retter als Dritter im Bunde wird unbewusst von dem Gefühl der Angst zu seiner Aktion getrieben und hat gegenüber dem Opfer die Haltung: „Du bist nicht okay bzw. kannst es nicht, deswegen mache ich es für dich." Ob Sie es glauben oder nicht, es gibt einen Teil in Ihnen, der dieses Spiel ausgesprochen genießt und sich davon ernährt. Er ist sozusagen der Vierte im Bunde dieses Spiels. Es handelt sich um den *archetypischen König* bzw. die *archetypische Königin* Ihrer eigenen Unterwelt, jenen Teil einer Person, den wir mit *Gremlin* bezeichnen. Dieser spürt unbewusst Freude, wenn jemand anderes Schaden nimmt, oder wenn er gewinnt und der andere verliert (Schadenfreude).

Hier ein konkretes Beispiel für niederes Drama im Arbeitsalltag: Stellen Sie sich vor, ein Manager hat seinem Mitarbeiter eine Aufgabe gegeben, die bis Ende der Woche fertiggestellt werden sollte. Am Freitag stellt er fest, dass der Mitarbeiter die Aufgabe nicht erledigt hat. Dann könnte sich zum Beispiel folgender Dialog abspielen:

> Manager: „Herr Müller, ich habe Ihnen doch gesagt, ich brauche die Unterlagen bis heute."
> Müller: „Ja, aber ich hatte noch so viel anderes zu tun."
> Manager: „Das erzählen Sie mir jedes Mal."
> Müller: „Ja, aber diesmal wollte Frau Schulte noch was von mir und der Vorstand hat mich auch noch angerufen. Ich habe viel zu viel zu tun."
> Manager: „Na großartig! Und wie soll ich jetzt gleich das Meeting mit dem Kunden halten? Wie stellen Sie sich das eigentlich vor? Soll ich jetzt sagen „Tut mir leid, meine Herren, Herr Müller hat's nicht hingekriegt? Wie stehe ich denn da?"
> *(Anmerkung: Beobachten Sie, wie der Manager im letzten Absatz vom Täter zum Opfer wird und den Mitarbeiter zum Täter macht).*

Sind Ihnen solche Situationen schon begegnet? Letztendlich wird es in dem oben genannten Beispiel möglicherweise auf das Motto „Ober sticht Unter" hinauslaufen und der Mitarbeiter wird in Windeseile rudimentär die geforderten Unterlagen zusammenstellen. Dennoch bleiben beide Seiten unzufrieden und hegen Groll gegeneinander. Jeder wäre in seinem Bild über den anderen – sprich in seiner Position – verhaftet.

Niederes Drama basiert auf dem Spiel ICH GEWINNE – DU VERLIERST. Es ist ein sehr vertrautes und beliebtes Spiel, welches bestimmte Resultate produziert, die dazu führen, dass in einem Unternehmen z. B. die Flexibilität, Kreativität, Originalität und Energie blockiert wird. Wenn Mitarbeiter und Manager gegeneinander anstatt miteinander oder besser noch füreinander vorgehen, ist ein Unternehmen in seiner Gesamtheit nicht in der Lage, nachhaltig und zukunftsweisend zu agieren, denn Nachhaltigkeit und Zukunftsfähigkeit fängt beim Zwischenmenschlichen an.

ICH GEWINNE – DU VERLIERST ist ein Spiel, das offensichtlich oder auch subtil gespielt werden kann. Offensichtliche Varianten äußern sich z. B. in Rechtfertigungen, Argumentationen, Mobbing, Besserwisserei, Entschuldigungen, Ausreden, andere ins Unrecht setzen, Beschwerden, Beschuldigungen, Groll, Jammern etc. Weniger offensichtliche Ausprägungen dieses Spiels zeigen sich in subtiler Manipulation z. B. durch Gesten, Zurückhalten von Informationen oder Kontrolle. In einem Training saßen einmal 20 Teilnehmer einer Abteilung, die so viel unbewussten Groll gegeneinander hegten und positionsverhaftet waren, dass das Team regelrecht funktionsunfähig und Kommunikation kaum möglich war. Jeder machte einfach nur noch seinen Job und achtete darauf, bloß keine Angriffsfläche zu bieten. Dies ist sicherlich ein extremer Fall, doch Sie wären erstaunt, wenn Sie wüssten, wie verbreitet dieses Phänomen in unterschiedlichsten Ausprägungen im täglichen Business ist.

LANDKARTE DES NIEDEREN DRAMAS

Jede Handlung, die darauf ausgerichtet ist, Verantwortung zu vermeiden, ist niederes Drama. Es ist ein Spiel, das den Gremlin nährt.

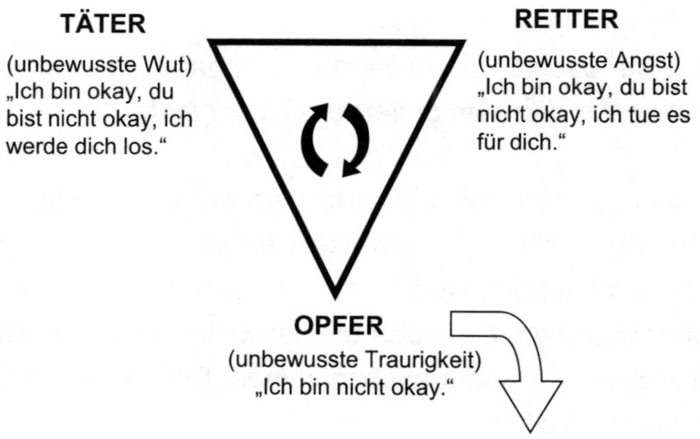

Woran Sie niederes Drama erkennen:
- Rechtfertigung, Rechthaberei
- Entschuldigungen
- Ausreden
- Andere ins Unrecht setzen
- Unausgesprochene Erwartungen
- Beschuldigungen
- Groll hegen
- Jammern
- Sich beschweren
- Lästerei, Mobbing, Tratsch

Nutzen:
- Verantwortung vermeiden
- Nicht in Aktion treten müssen
- Passive Rolle
- Mitleid bekommen
- Aufmerksamkeit bekommen
- „Ich Armer"-Geschichte
- Rache üben

Landkarte 12: Niederes Drama

Der Fokus liegt bei den meisten Managern darauf, sich zu behaupten, ihre Position zu verteidigen und damit in der Lage zu sein, den eigenen Weg, den eigenen Vorschlag oder die eigene Lösung durchzusetzen. Das Spiel von Positionsverfechtung und ICH GEWINNE – DU VERLIERST kann sogar so starr werden, dass Informationen vorenthalten und Mobbing praktiziert wird. Dieser Ansatz ist nicht wirklich zielführend in einer sich schnell verändernden Welt.

Positionen haben folgende Eigenschaften:

Positionen

- basieren auf Annahmen und Rechthaberei,
- verursachen Trennung,
- erzeugen Konflikt und Wettkampf,
- sind dazu geschaffen, Dinge so zu belassen, wie sie sind,
- haben die Eigenschaft von Festkörpern und sind starr,
- haben begrenzte Möglichkeiten und
- widmen sich dem Überleben.

Noch einmal: Es geht nicht um eine Wertung von Positionsverhaftungen und niederem Drama. Sie produzieren dadurch lediglich ganz bestimmte Ergebnisse. Die meisten Menschen haben nichts anderes gelernt. Sie sind seit jeher mit dem Spiel ICH GEWINNE – DU VERLIERST und mit niederem Drama konfrontiert worden, so dass dieses Konzept von den meisten nicht in Frage gestellt wird. Wenn Sie nicht genug niederes Drama in der Firma oder im Privatleben haben, brauchen Sie nur die Zeitungen aufzuschlagen oder den Fernseher einzuschalten. Es dreht sich alles um das Täter-Retter-Opfer-Spiel, um Positionen und die unbewusste Fütterung Ihres schadenfrohen Gremlins.

Ein zweites Spiel, dass dem einen oder anderen mittlerweile auch geläufig ist, lautet ICH GEWINNE – DU GEWINNST oder kurz Win-Win. Es basiert auf Kooperation, Gleichberechtigung, fairem und respektvollem Umgang zwischen zwei Partnern, Kollegen oder Firmen. Doch was auf den ersten Blick nach einem fairen Spiel aussieht, kann sehr schnell und subtil umschlagen. Das Win-Win Spiel kann zu einem ICH VERLIERE – DU VERLIERST Spiel degenerieren, z. B. in Form eines faulen Kompromisses. Vielfach bedeutet ICH GEWINNE – DU GEWINNST hinter vorgehaltener Hand auch: „Es ist okay für mich, dass du gewinnst, solange ich ein ganz klitzekleines Bisschen mehr gewinne", womit Sie wieder beim Spiel ICH GEWINNE – DU VERLIERST wären. Die Grundidee dieses Spiels führt also durchaus zu anderen Ergebnissen als das Spiel ICH GEWINNE – DU VERLIERST, die Umsetzung ist jedoch mitunter fragwürdig, denn auch hier geht es wieder um ein **Ich** und ein **Du**, also um Ego-getriebenes Verhalten. Wer da nicht wach und präsent ist, landet wieder im ursprünglichen Spiel des niederen Dramas.

Es gibt darüber hinaus ein drittes, weniger bekanntes Spiel, das *Edgeworker* zum Einsatz bringen. Dies veranschaulicht die Geschichte der zwei Hot Dog Dörfer:

Östlich und westlich eines hohen Berges in unwegsamem Gelände gibt es jeweils ein Dorf. Dorf A liebt Hot Dogs über alles, und um den Hot Dog zu würdigen und auf eine spezielle Art und Weise zu ehren, gibt es ständig Hot Dogs zu essen; morgens, mittags, abends in diversen Varianten. Auf der anderen Seite des Berges liegt Dorf B. Für die Bewohner dieses Dorfes ist der Hot Dog so heilig, dass sie ihn niemals essen würden. Stattdessen haben sie einen Hot Dog in riesiger Dimension vergolden lassen und auf einem Thron in der Mitte des Dorfes platziert. Immer wenn sie an diesem Thron vorbei kommen, verneigen sie sich vor dem Hot Dog. Die Bewohner des Dorfes B können daher überhaupt nicht nachvollziehen, wie man auch nur auf die Idee kommen kann, einen Hot Dog zu essen. Somit verachten sie die Bewohner des Dorfes A. Eines Tages gehen die Häuptlinge beider Dörfer unabhängig voneinander im Wald spazieren, als plötzlich ein Unwetter losbricht. So kommt es, dass beide gezwungenermaßen in derselben Höhle Zuflucht finden. Nach anfänglichem, feindlichem Schweigen sagen plötzlich beide gleichzeitig: „Lass uns reden." So unterhalten sie sich über die verfeindeten Dörfer und stellen plötzlich fest, dass sie das gleiche Prinzip als Basis haben, nämlich die Verehrung des Hot Dogs. Sie hatten bisher jedoch nur ihre gegensätzlichen Positionen gesehen, wie die Verehrung des Hot Dogs richtigerweise auszusehen hat, so dass jedes Dorf für sich in Anspruch nahm, die einzig richtige Position zu vertreten. Schließlich gehen sie zurück in ihre Dörfer und erzählen den Bewohnern von ihrer Erkenntnis. Zwei Tage später feiern beide Dörfer gemeinsam ein Fest zu Ehren des Hot Dogs, bei dem die einen Hot Dogs essen und die anderen ihn durch Verneigung ehren. Die zunächst gegensätzlichen Positionen wurden aufgrund des dahinter stehenden, gemeinsamen Prinzips der Verehrung hinfällig.

Dieses Beispiel lässt sich prima in die Business Welt übertragen. Sobald sich zwei Parteien bilden und sich z. B. für und gegen ein Projekt, eine Aktion oder ein Vorgehen aussprechen, entsteht Positionsverhaftung. So könnte es z. B. darum gehen, dass eine Gruppe meint, das Controlling solle extern vergeben werden, während die andere Gruppe diese Funktion im Unternehmen belassen möchte. In dem Fall haben Sie zwei Positionen. Oder ein anderes Beispiel: Zwei

Abteilungen streiten darum, wer denn nun die Verantwortung für eine bestimmte Aufgabe oder ein Projekt hat. Auch hier handelt es sich wieder um Positionsverhaftung. Die Ausprägungen sind vielfältig.

Ein ganz neues Spiel – wie es der Fall der beiden Hot Dog Dörfer zeigt – ermöglicht, aus dieser Positionsverhaftung herauszukommen. Es nennt sich GEWINNEN GESCHIEHT.

LANDKARTE DER 3 ARTEN VON SPIEL

1. **ICH GEWINNE – DU VERLIERST**
   - Basiert auf Wettkampf und Konkurrenz
   - Geht von einem Mangel an Ressourcen aus
   - Das Ziel lautet: Ich gewinne. Wenn ich die Ressourcen bekomme, stirbst du, und wenn du die Ressourcen bekommst, sterbe ich
   - Mein Überleben hängt davon ab, dass ich gewinne

2. **ICH GEWINNE – DU GEWINNST**
   - Auch bekannt unter „Win-Win"
   - Basiert auf Kooperation
   - Kann durch Kompromisse zu „Ich verliere – Du verlierst" werden
   - Mit dem Ziel, dass alle Beteiligten dabei gewinnen werden, können Sie sich leicht etwas vormachen, weil es immer noch das „Ich" und das „Du" gibt
   - Es wird manchmal zu „Ich bin damit einverstanden, dass du gewinnst, solange ich ein kleines Bisschen mehr gewinne." Damit sind Sie zurück bei „Ich gewinne – Du verlierst"

3. **GEWINNEN GESCHIEHT**
   - Basiert auf kreativer Zusammenarbeit
   - Involviert kein „Ich" und kein „Du"
   - Geht von einem Überfluss an Ressourcen aus, indem radikale Verantwortung für Ressourcen übernommen wird. Wenn es nicht genug Ressourcen gibt, sind Sie kein Opfer, weil Sie die Quelle für weitere Ressourcen sind
   - Das Ziel lautet: Das helle Prinzip „Gewinnen Geschieht" kann seine Arbeit tun

Landkarte 13: Drei Arten von Spiel – Teil 2

GEWINNEN GESCHIEHT ist weniger ein Spiel als vielmehr ein helles Prinzip in sich und basiert auf kreativer Zusammenarbeit, Gemeinschaft und Netzwerkdenken. Es geht um Synergie, Integration und Ausrichtung von Ressourcen. Dieses Spiel schließt ein, nicht aus. Bei diesem Spiel gibt es kein **Ich** und kein

Du. Es geht nicht mehr um das Ego-gesteuerte Profitdenken, um Machtposition, Konkurrenz, die saubere Weste oder darum, es richtig zu machen. Es geht um das Prinzip, gemeinsam etwas zu erreichen, ohne dass der Einzelne für sich dem ersten Anschein nach etwas davon hat. Es wird nicht nur miteinander, sondern **füreinander** gearbeitet. Positionen werden durch die Anerkennung gemeinsamer Prinzipien aufgelöst.

Welches sind die Eigenschaften von Prinzipien?

Prinzipien
- sind größer als Individuen,
- schließen ein statt aus,
- finden Gemeinsamkeiten,
- fördern Kooperation und Zusammenarbeit,
- bringen Bewegung in die Dinge,
- haben unbegrenzte Möglichkeiten,
- haben die Eigenschaften von Flüssigkeiten und Flächen, d.h. sind vielfältig und beweglich
- und sind Evolutionsveränderungen gewidmet.

Helle Prinzipien, die Netzwerkdenken und Zusammenarbeit nähren, sind z. B. Klarheit, Lebensfreude, Innovation, Teamwork, Integrität, Mut, Kreativität, Vertrauenswürdigkeit, Humor, Entwicklung, Disziplin.

Für das oben genannte Beispiel mit den zwei Abteilungen, die darüber streiten, wer die Verantwortung für ein bestimmtes Projekt hat, würde GEWINNEN GESCHIEHT folgendes bedeuten: Ein *Edgeworker* würde ein Meeting mit beiden Abteilungen einberufen und zunächst einmal die Positionsverhaftungen sichtbar machen. Konkret könnte er dazu ein sogenanntes *Metagespräch* führen, das bedeutet ein Gespräch über das Gespräch zu führen bzw. über das, was gerade passiert. Im nächsten Schritt würde er den Fokus der Gruppe auf die gemeinsamen Prinzipien lenken. Verbal könnte sich das folgendermaßen anhören: „Mir fällt auf, dass wir derzeit zwei verschiedene Positionen haben und die Teams gegeneinander kämpfen. Ich würde gerne etwas anderes möglich machen und den Fokus darauf richten, welchem Prinzip wir gemeinsam mit diesem Projekt dienen können. Ich hätte gerne alle in einem Boot. Wie geht es Ihnen damit?“

Durch dieses Metagespräch wird das Spiel ICH GEWINNE – DU VERLIERST an die Oberfläche gebracht und damit sichtbar gemacht. Im selben Augenblick zerfällt es und die Tür öffnet sich für eine neue Art der Zusammenarbeit. Wichtig dabei ist, dass der *Edgeworker* von **sich** spricht, also keine Anschuldigungen oder Vorwürfe macht (das wäre niederes Drama), sondern nur seine Wahrnehmung in den Raum stellt. Mit der Frage „Was ist unser gemeinsames Ziel? Was ist unsere gemeinsame Absicht?" kann er sodann den kompletten Raum in die neue Richtung lenken und den Fokus neu ausrichten, so dass die beiden Abteilungen dann zusammen für das gemeinsame Ziel arbeiten.

LANDKARTE DER POSITIONEN VERSUS PRINZIPIEN

POSITIONEN
- basieren auf Annahmen und Rechthaberei
- verursachen Trennung
- erzeugen Konflikt und Wettkampf
- basieren auf dem Spiel „Ich gewinne – Du verlierst" und damit auf niederem Drama
- sind dazu geschaffen, Dinge so zu belassen, wie sie sind
- haben die Eigenschaft von Festkörpern
- haben begrenzte Möglichkeiten und
- widmen sich dem Überleben

PRINZIPIEN
- sind größer als Individuen
- schließen ein statt aus
- finden Gemeinsamkeiten
- fördern Kooperation und Zusammenarbeit
- bringen Bewegung in die Dinge
- basieren auf dem Spiel „Gewinnen Geschieht"
- haben unbegrenzte Möglichkeiten
- haben die Eigenschaften von Flüssigkeiten und Flächen, d. h. sind vielfältig und beweglich und
- sind Evolutionsveränderungen gewidmet

Landkarte 14: Positionen versus Prinzipien

Während gewöhnliche Manager das Spiel ICH GEWINNE – DU VERLIERST spielen – sei es bewusst oder unbewusst – wählen *Edgeworker* bewusst das Spiel GEWINNEN GESCHIEHT. GEWINNEN GESCHIEHT ist ein Prinzip, das neue, zukunftsfähige Wege ebnet, denn es rückt den Menschen und das gemeinschaftliche Handeln wieder in den Vordergrund, fördert den kreativen Genius und ermöglicht es, die Vielfältigkeit eines Teams zu erschließen. Es geht darum, nicht mehr im unbewussten Konkurrenz- und Mangeldenken verhaftet zu sein, sondern ein Netzwerkdenken zu etablieren und andere Menschen zu ermächtigen. *Edgeworker* ermächtigen und stärken andere. Sie sind *Edgeworker*-Macher und erzeugen damit hohes Drama. Weitere Details dazu folgen später im Buch.

Bewusstheit über die Unterwelt

Entscheidende Voraussetzung dafür, eine neue Spielwelt kreieren zu können, ist die Bewusstheit über die sogenannte *Unterwelt*. Was genau bedeutet dieses Wort? Der Mensch trägt eine helle Seite und eine Schattenseite in sich, d.h. Sie können sich entweder bewusst hellen Prinzipien verpflichten oder unbewusst Schattenprinzipien verfolgen. Da dieses Wissen kein Bestandteil der modernen Schulbildung ist, wundern Sie sich vielleicht umso mehr, wenn es zu Konflikten, Streit und schwierigen Situationen mit anderen kommt, obwohl Sie meinen, hehre Ziele zu verfolgen. Der Teil, der dieses Spiel jedoch liebt, ist der Teil, der im niederen Drama als Gremlin bezeichnet wird. Es ist der Teil im Menschen, dessen Ziel es ist, Verantwortung zu vermeiden, Beziehung, Nähe, Kommunikation und Gemeinschaft zu zerstören, kurzum: der König Ihrer persönlichen Unterwelt. Er bedient sich dazu auch unlauterer Mittel, wie z. B. Lügen, Betrügen, Ignoranz, Vorenthalten von Informationen, Faulheit, Arroganz, Überheblichkeit usw. Ihm ist jedes Mittel recht, um sein Ziel zu erreichen.

Wenn Sie keine Bewusstheit über diesen Teil in Ihnen haben, dann regiert er unbewusst in Ihrem Leben, um andere oder sogar Sie selbst zu schädigen und sabotiert permanent das, was Sie eigentlich erreichen wollen (vorausgesetzt, es handelt sich dabei um helle Ziele, die etwas Größerem dienen). Wenn Ihre Absicht z. B. ist, Teamwork und Gemeinschaft zu erzeugen, jedoch immer wieder Einzelkämpfertum und Streit das Ergebnis sind, kann es sein, dass Ihr Gremlin oder der Gremlin anderer Teamkollegen diese Absicht unbewusst untergraben, um möglicherweise Macht auszuüben, Verantwortung zu vermeiden oder Recht zu behalten.

Wie werden Sie sich über Ihre Unterwelt bewusst? Der erste Schritt besteht darin, anzuerkennen dass Sie eine Schattenseite haben. Wenn Sie dies nicht akzeptieren können, getreu dem Motto: „Ich? Eine Unterwelt? Also bitte, darüber bin ich doch nun wirklich erhaben!“ – dann viel Erfolg. Dann hat Ihr Gremlin jede Möglichkeit, heimlich und unerkannt (zumindest für Sie selbst nicht sichtbar) zu agieren und seine bzw. Ihre Schattenprinzipien zu verfolgen und auszuspielen. So bitter es für Sie auch sein mag und so sehr Ihr Ego es vielleicht leugnen mag:

Sie **haben** eine Unterwelt.

Ihre Unterwelt ist z. B. dann am Werk, wenn:

- Sie versuchen, Ihre Mitarbeiter zu manipulieren, indem Sie Ihnen ein schlechtes Gewissen machen oder gar drohen (z. B. „Wenn Sie das Projekt nicht leiten, können Sie sich Ihren Bonus abschminken“, oder wenn ein Mitarbeiter pünktlich das Büro verlässt und Sie das kommentieren mit: „Tja, wenn Sie meinen, dass Sie sich das leisten können.“).
- Sie in einem Kundengespräch Recht haben wollen, anstatt dem Kunden zu helfen.
- Sie kleine Notlügen oder Rechtfertigungen benutzen, um einen Auftrag zu bekommen oder gewisse Projekte nicht machen zu müssen.
- Sie gegenüber dem Vorstand „Jaja“ sagen, sich gegenüber Ihren Kollegen aber dann beschweren, weil Sie eigentlich nicht mit dem Vorgehen einverstanden sind.
- Sie die Schuld auf jemand anderen schieben, weil Ihr Projekt oder Teilaufgaben nicht funktionieren.
- Sie sich auf der Fahrt zu einem Geschäftstermin (oder auch sonst) darüber aufregen, dass ein anderes Auto vor Ihnen ohne zu Blinken rauszieht oder Sie die Lichthupe benutzen, weil ein anderes Auto vor Ihnen langsam fährt, wo Sie es doch so eilig haben.

Oder kennen Sie möglicherweise Mitarbeiter, die gelegentlich Blöcke, Stifte oder sonstiges aus dem Materialschrank mitgehen lassen, weil sie meinen, es tut ja keinem weh und schließlich arbeiten sie genug für die Firma? Auch das ist der Gremlin in Aktion.

Der erste Schritt in die Bewusstheit ist also die Anerkennung Ihrer eigenen Schattenseite. Von dort aus kann es dann weitergehen mit der Erforschung, welchen Schattenprinzipien Ihr Gremlin konkret dient. Um noch einmal einige Beispiele für Schattenprinzipien zu nennen: Rechthaberei, Besserwisserei, Arroganz, Rache, Machtmissbrauch, Manipulation, Mobbing, Ignoranz, Erniedrigung, Überheblichkeit, Betrug, Zerstörung, Perfektionismus, Neid, Eifersucht, Verschwendung, Vorteilsnahme, Korruption, Vetternwirtschaft, Herrschen, Konkurrenz etc.

Für einen *Edgeworker* ist es essentiell, seine Unterwelt in Besitz zu nehmen. *Edgeworker* versuchen daher, so viel wie möglich über ihre Unterwelt herauszufinden, um Klarheit darüber zu haben, wann und wie ihr Gremlin am Werk ist, und um mit dieser Klarheit dann bewusst ein anderes Spiel zu kreieren.

In der Regel können Sie bei anderen Menschen die Schattenseiten schnell erkennen. Hierzu können Sie ein erstes kleines Experiment machen. Führen Sie das folgende Experiment wirklich einmal ernsthaft durch, da es einen entscheidenden Unterschied in Ihrem Leben machen kann. Nehmen Sie sich 5-10 Minuten Zeit, um das Experiment Schritt für Schritt zu machen und nicht nur schnell drüber hinweg zu lesen (was Ihr Gremlin möglicherweise bevorzugen würde!).

SCHRITT 1:
Nehmen Sie sich bitte ein Blatt Papier und einen Stift und schreiben Sie die Namen von fünf Personen auf, die Sie nicht ausstehen können oder an denen Sie eine bestimmte Verhaltensweise missbilligen. Lassen Sie unter jedem Namen ein wenig Platz. Diese Personen können Kollegen, Bekannte, Nachbarn, Politiker, Prominente oder historische Charaktere sein. Wählen Sie einfach die ersten fünf, die Ihnen einfallen.

SCHRITT 2:
Schreiben Sie nun unter den Namen jeder Person konkret die Eigenschaften auf, die Ihnen aufstoßen oder Sie nerven. Seien Sie präzise. Beschreiben Sie, was die Person genau macht. Ist sie arrogant, unpünktlich, rechthaberisch oder faul? Was genau ist ihre Verhaltensweise? Was tut oder sagt die Person?

SCHRITT 3:
Schauen Sie sich die Liste, die Sie soeben erstellt haben, noch einmal genau an.

...

Lesen Sie an diesem Punkt bitte erst weiter, wenn Sie die drei genannten Schritte durchlaufen haben. Der jetzt folgende Satz wird Ihnen vermutlich nicht gefallen. Ihr Gremlin wird sich winden, Ihre Box wird rebellieren und viele Gründe finden, warum der folgende Satz nicht stimmen kann. Beobachten Sie das einfach neutral und lassen Sie sich von folgendem Satz treffen:

Die Liste, auf die Sie gerade schauen, ist eine erste Beschreibung **Ihrer** eigenen Unterwelt, **Ihrer** Gremlin-Taktiken.

Warum denken Sie, können Sie diese Schattenaspekte in anderen Menschen erkennen? Sie können sie deswegen erkennen, weil Sie diese selbst in sich tragen. Die Unterwelt ist nicht schön. Das hat auch niemand behauptet. Doch es ist unglaublich nützlich, sich bewusst zu machen, zu welchen Handlungen der König Ihrer Unterwelt – Ihr Gremlin – fähig ist.

Wenn Sie wissen, dass z. B. Rechthaberei eines Ihrer Schattenprinzipien ist, dann können Sie ab dem Zeitpunkt, wo es Ihnen bewusst ist, jederzeit ein anderes Spiel spielen, wenn Sie sich dabei ertappen, dass Sie gerade wieder Recht behalten wollen. Ist es Ihnen nicht bewusst, so wird Ihr Gremlin alles dafür tun, um seine Position zu verteidigen, und Sie werden gar nicht merken, dass Sie mit Ihrer Rechthaberei gerade die Beziehung z. B. zu einem Kunden oder Kollegen zerstören.

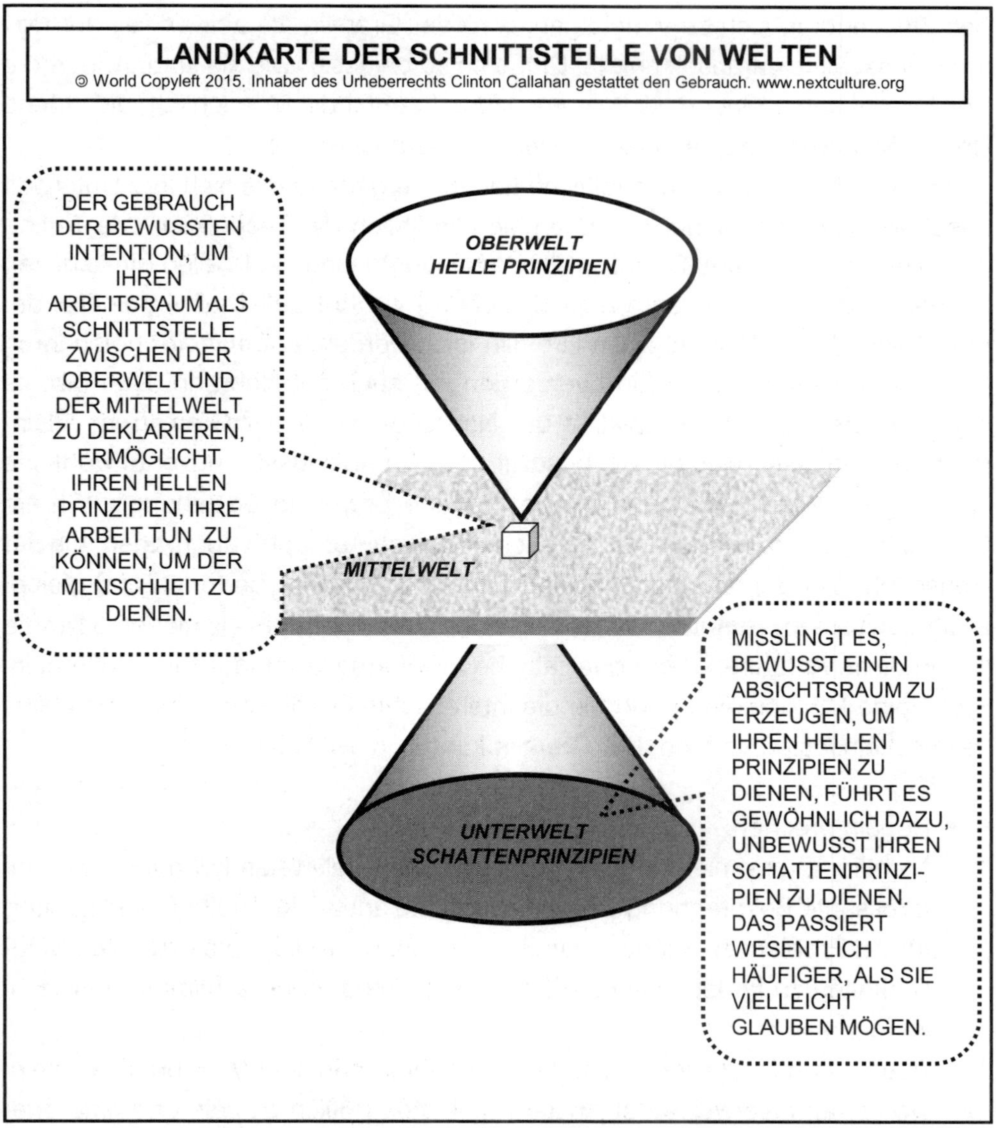

Landkarte 15: Schnittstellen von Welten

Eine vollständige Offenlegung Ihrer Unterwelt ist in einem sicheren Trainingsraum möglich, in dem Sie durch einen entsprechenden Prozess geleitet werden. *Edgeworker* sind bereit, sich ihre Unterwelt im Detail anzuschauen. Bedenken Sie, dass die Unterwelt nicht als „schlecht“ eingestuft wird. Genaugenommen ist die gesamte Einteilung in gut/schlecht ein Schattenprinzip. Die Unterwelt ist weder gut noch schlecht. Der Gremlin ist weder gut noch schlecht. Der Gremlin ist der Gremlin, dessen Kontext Unverantwortlichkeit ist. Solange die Box noch das Ziel verfolgt, sich zu verteidigen, wird der Gremlin als aktiver Teil der Box unbewusst alles daransetzen, die Dinge so zu belassen wie sie sind. Ändert die Box ihr Ziel dahingehend, sich zu erweitern, besteht die Möglichkeit, die eigene Unterwelt in Besitz zu nehmen. Wie würde das aussehen?

Edgeworker sind leidenschaftliche Lerner. Je genauer sie sich ihre Unterwelt ansehen, desto deutlicher erkennen sie allmählich die Techniken, das Timing und die Absichten ihres Gremlins. Sie lernen ihren Gremlin in allen Einzelheiten kennen und bauen langsam eine Beziehung zu ihm auf. Dies ist eine andere Haltung als der Versuch, den Gremlin loszuwerden. *Edgeworker* holen ihren Gremlin dort ab, wo er ist und versorgen ihn auch mit Nahrung. Nun gibt es einen Unterschied in der Qualität der Nahrung. Wenn der Gremlin im Alleingang tut und lässt, was er will, besorgt er sich unbewusste, unverantwortliche Nahrung wie niederes Drama. Wenn Sie eine bewusste Beziehung zu Ihrem Gremlin aufbauen, können Sie ihm nach und nach Aufgaben übertragen, die der Gerissenheit und piratenhaften Kreativität eines Gremlins bedürfen und gleichzeitig bewussten, verantwortlichen Zwecken dienen. Anders als niederes Drama wären diese Aufgaben dann qualitativ hochwertige Nahrung für Ihren Gremlin. Hier einige Möglichkeiten, wie Sie die interessanten Fähigkeiten Ihres Gremlins bewusst einsetzen können. Der Gremlin kann zum Beispiel:

- Regeln brechen.
- Nichtlinear und nicht logisch vorgehen (beispielsweise könnte es eine interessante Besprechung werden, wenn Sie anstatt krampfhaft eine Lösung für ein Problem zu suchen, damit beginnen, die Kollegen einzuladen, Möglichkeiten zu finden, wie das Problem zunächst noch schlimmer gemacht werden kann).
- Räume und Dinge zerstören, die nicht zielführend sind (z. B. unhöflich sein, wo es normalerweise der Anstand gebietet, höflich zu sein und eine oder mehrere Personen zu unterbrechen, wenn das Gesprochene nicht der gemeinsamen Vision oder dem Ziel der Besprechung dient).

- Unbewusste Spiele an die Oberfläche bringen, die ein Projekt behindern.
- Dinge sagen, die gesagt werden müssen.
- Gespräche mit unangenehmen Zeitgenossen führen (die Sie als netter Mensch möglicherweise nicht führen können. Ihr Gremlin kann das ganz bestimmt!)
- Gefährliche Fragen stellen, die keiner stellen würde, weil die Konsequenzen radikal wären.
- Überholte Organisationsstrukturen problemlos über Bord werfen.
- Tragfähige Feedback-Kultur mit Disziplin einführen.

Dies sind nur einige wenige Beispiele, wie Sie Ihren Gremlin bewusst einsetzen können. *Edgeworker* sind sich darüber bewusst, dass sie diese Gremlin-Fähigkeiten benötigen, um eine neue Unternehmenskultur und möglicherweise neue Organisationsstruktur zu kreieren. *Edgeworker* sind sich darüber im Klaren, dass sie in der sogenannten *Mittelwelt* agieren und mit ihrem Verhalten entweder bewusst die Tür für ihre Oberwelt und damit ihre hellen Prinzipien öffnen oder eben unbewusst ihre Schattenprinzipien am Werk sind. Sie nutzen den Gremlin somit auch dafür, wach zu bleiben und ihre bewusste Absicht zu unterstützen.

Geschichten erzeugen Realität

Wie Sie bereits durch die *Landkarte der sich entwickelnden Landkarten* erfahren haben, stehen Sie nicht mit der Welt an sich in Beziehung, sondern mit Ihren Geschichten und Interpretationen über die Welt. Wenn Sie Ihre Welt verändern wollen, ist es daher notwendig, dass Sie Ihre Geschichten über die Welt verändern und eine neue Perspektive einnehmen.

Ein *Edgeworker* ist sich darüber bewusst, dass Menschen normalerweise Situationen, Begebenheiten und Umständen eine Bedeutung beimessen und sie nicht neutral belassen. Etwas geschieht (neutral) und als nächstes wird eine Geschichte darüber erzählt. Diese Geschichte ist entweder eine unverantwortliche Geschichte, z. B. eine Opfergeschichte im Sinne von „Es ist mir passiert und ich kann nichts dafür", oder alternativ eine verantwortliche Geschichte, die sich damit befasst, was nun als nächstes zu tun ist oder was nun gelernt werden kann.

Ein *Edgeworker* weiß, dass er in jedem Moment die Wahl hat, welche Absicht er verfolgen will und welche Art von Geschichte er dadurch kreiert, da er sich seiner hellen Prinzipien und seiner Unterwelt bewusst ist. Durch diese Klarheit muss er nicht mehr automatisch und unbewusst gemäß seiner Box reagieren und aus ihr heraus Opfergeschichten erzählen, sondern kann bewusst diejenigen Resultate erzeugen, die seiner verantwortlichen Absicht entsprechen und der gemeinsamen Vision dienen. Anstatt beispielsweise eine auftauchende Situation als ein Problem zu bewerten, würde er sich fragen, welcher Nutzen und welche Möglichkeiten zum Handeln oder Lernen darin enthalten sind. Während die Problemhaltung eine Tür zu niederem Drama öffnet, erzeugt er durch die verantwortliche Haltung sogenanntes hohes Drama. *Hohes Drama* bedeutet, dass der *Edgeworker* radikal die Verantwortung für die Situation übernimmt – sich also nicht als Opfer der Umstände sieht – und damit den Weg ebnet für das Spiel GEWINNEN GESCHIEHT, sowohl für sich selbst als auch für die Menschen in seinem Umfeld. Durch die Übernahme von radikaler Verantwortung wird der *Edgeworker* vom Opfer der Umstände zum Schöpfer von Möglichkeiten.

Wenn beispielsweise die Situation auftreten würde, dass ein Kunde wichtige Unterlagen innerhalb sehr kurzer Zeit benötigt, könnte die unverantwortliche Geschichte darüber lauten: „Oh Mann, wie soll ich das denn hinbekommen? Der Kunde hat ja keine Ahnung, welcher Aufwand damit verbunden ist. Ich weiß wirklich nicht, wie ich das schaffen soll. Jetzt haben wir wegen dieses Kunden wieder totalen Stress." Das Resultat, zu dem diese Geschichte führen würde, wäre möglicherweise Hektik, mindere Qualität, schlechte Stimmung und Groll gegenüber dem Kunden. Die Geschichte basiert auf der Annahme, dass ein Mangel an Ressourcen, wie z. B. Zeit oder Arbeitskraft vorhanden ist.

Ein *Edgeworker* würde die Situation zunächst einmal neutral wahrnehmen, nach dem Motto: Es ist, wie es ist. Anstatt sich darüber aufzuregen, wählt er bewusst die verantwortliche Version der Geschichte, indem er beispielsweise Teampartner einbindet und um Möglichkeiten bittet: „Es gibt eine interessante Herausforderung. Unser Kunde XY benötigt seine Unterlagen schon bis morgen. Dies ist eine Gelegenheit, einerseits diesen Kunden zu unterstützen und gleichzeitig unseren Team-Genius zu nutzen. Welche Möglichkeiten gibt es, diese Herausforderung zu meistern? Wer kann kurzfristig die Zeit machen, diese Unterlagen zusammenzustellen?" Statt von einem Mangel an Ressourcen auszugehen, werden er und sein Team zur Quelle der Ressourcen. Es wird keine Energie für Beschwerden darüber verschwendet, wie die Dinge sind. Die Energie des *Edgeworkers* und des Teams kann so komplett in die Lösung und Umsetzung fließen.

LANDKARTE DER MÖGLICHKEIT

Ein *Edgeworker* ist sich darüber bewusst, dass er mit seinen Geschichten und Interpretationen über gegenwärtige Umstände seine Realität erzeugt. Jede Geschichte verfolgt dabei eine Absicht, die entweder einem bewussten oder unbewussten Zweck dient. Der *Edgeworker* kennt damit die Unterscheidung zwischen verantwortlichem oder unverantwortlichem Kreieren.

Etwas passiert. Eine Situation entsteht und ist zunächst neutral.
Ein *Edgeworker* hat nun die Wahl, welche Geschichte er darüber kreiert.

BEWUSSTER ZWECK:
- ERZEUGT EIN VERANTWORTLICHES SPIEL
- „GEWINNEN GESCHIEHT", „ICH GEWINNE, WENN DU GEWINNST"
- FÜLLE DURCH DAS ÜBERNEHMEN DER VERANTWORTUNG, DIE QUELLE FÜR RESSOURCEN ZU SEIN.
- DIENT WAHREN ABSICHTEN (BESTIMMUNG) UND DAMIT HELLEN PRINZIPIEN.
- HOHES DRAMA

HELLE PRINZIPIEN:
GÜTE, WÜRDE, GROSSZÜGIGKEIT, RESPEKT, AKZEPTANZ, KLARHEIT, TEAMWORK, STRAHLEN, KOMMUNIKATION, INTEGRITÄT, ERFINDUNG, ENTDECKUNG, WACHSTUM, FREUNDSCHAFT, LIEBE, GEMEINSCHAFT, MÖGLICHKEIT, ERMÄCHTIGUNG, TRANSFORMATION, UNTERSTÜTZUNG, MAKELLOSIGKEIT, USW.

UNBEWUSSTER ZWECK:
- ERZEUGT EIN UNVERANTWORTLICHES SPIEL.
- „ICH GEWINNE, DU VERLIERST", KONKURRENZ
- BASIERT AUF MANGEL DURCH DAS VERMEIDEN, VERANTWORTUNG FÜR DIE RESSOURCEN ZU ÜBERNEHMEN.
- DIENT VERSTECKTEN ABSICHTEN UND DAMIT SCHATTENPRINZIPIEN.
- NIEDERES DRAMA (NÄHRT DEN GREMLIN)

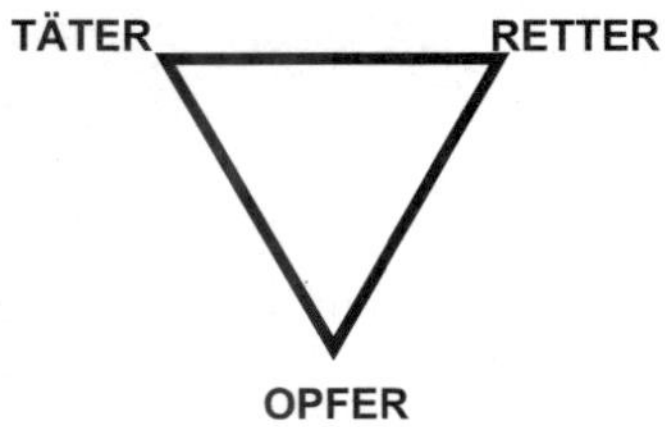

SCHATTENPRINZIPIEN:
ÜBERLEGENHEIT, RACHE, GUT/SCHLECHT, RICHTIG/FALSCH, VERRAT, VERRATEN WERDEN, BETRUG, OPFERDASEIN, BESCHULDIGUNG, VORENTHALTUNG, HABGIER, GROLL, AUSSCHLUSS, LEUGNUNG, VERACHTUNG, KONKURRENZ, POSITIONS-VERHAFTUNG,RECHTHABEREI, USW.

Landkarte 16: Landkarte der Möglichkeit

Kapitel 5:

Edgeworker sorgen für eine tragfähige Feedback-Kultur

In der gewöhnlichen Kultur ist eine tragfähige, tatsächlich gelebte Feedback-Kultur in Unternehmen eher selten anzutreffen. Wenn Sie eine Umfrage machen, ob es eine Feedback-Kultur gibt, die auch tatsächlich gelebt wird, so lauten die beiden häufigsten Antworten unserer Erfahrung nach wie folgt:

- „Feedback-Kultur? Nein, so etwas haben wir nicht!"
- „Ja, wir haben eine Feedback-Kultur. Ein- bis zweimal im Jahr bei der Jahreszielvereinbarung und dann bei dem Gespräch über die Zielerreichung geben wir Feedback."

Doch selbst letzterer Punkt hat in der Regel nichts mit Feedback-Kultur zu tun. Zum einen kann man von einer Feedback-Kultur nur sprechen, wenn diese täglich gelebt wird. Viel entscheidender ist jedoch darüber hinaus, dass in einem Team oder einem ganzen Unternehmen alle das gleiche Verständnis von Feedback und Coaching haben.

Die gängige, oftmals unausgesprochene Haltung gegenüber Feedback ist, dass es negativ, kritisch, bemängelnd, zerstörend und gefährlich ist. Es ist unbequem und wird oft als persönlicher Angriff gewertet. Ähnliches gilt für den Begriff Coaching. Coaching wird gerne abgetan als Besserwisserei, Ratschläge von einem Schlaumeier, Manipulation oder Kritik. Beides, sowohl Feedback als auch Coaching, ist somit zu vermeiden. Sicher ist gerade der Begriff Coaching unterschiedlich belegt und verschiedene Lehren haben dazu ihre eigenen Bedeutungen festgelegt. Im Kontext von Possibility Management definieren sich Feedback und Coaching wie folgt:

Feedback: sagt etwas über die Vergangenheit. Was ist passiert? Was hat funktioniert und was hat nicht funktioniert?

Coaching: sagt etwas über die Zukunft. Was kann die Person in Zukunft verändern, um andere Resultate zu erzielen? Es handelt sich um Unterscheidungen, um etwas Neues zu kreieren. Durch die Unterscheidungen erhält die Person neue Klarheit und damit neue Möglichkeiten.

LANDKARTE VON FEEDBACK & COACHING – ALTE & NEUE SICHT

FEEDBACK – ALT
- Kritik
- Negativ
- Destruktiv
- Gefährlich
- Angriff
- Unbequem
- Zu vermeiden

FEEDBACK – NEU
- Über die Vergangenheit => Was ist passiert?
- Was hat funktioniert?
- Was hat nicht funktioniert?
- Neutral

COACHING – ALT
- Schlauer Ratschlag
- Kritik
- Besserwisserei
- Manipulation

COACHING – NEU
- Über die Zukunft
- Eine Unterscheidung geben, die Klarheit und Möglichkeit birgt, um etwas Neues zu kreieren

Landkarte 17: Feedback und Coaching – Alte und neue Sicht

Edgeworker nehmen die neue Sichtweise ein, die ihnen ermöglicht, schnell und flexibel zu reagieren. *Edgeworker* betrachten Feedback als Gold bzw. ein Geschenk und nutzen das sogenannte *Schnelle Lernen*, um eine lebendige Feedback-Kultur zu etablieren. Was bedeutet das konkret?

Schnelles Lernen ist eine Möglichkeit, um in Situationen, in denen es nicht genügend Informationen gibt, effektiv zu handeln. Es besteht aus drei Schritten und beginnt zunächst mit dem ersten Schritt, nämlich dem Losgehen, kurz genannt GO! Zahlreiche Mitarbeiter und Führungskräfte bleiben bereits vor diesem ersten Schritt stecken. Sie entwickeln beispielsweise tage- oder wochenlang Pläne und Strategien für ein Projekt, nur um festzustellen, dass sie im Moment des tatsächlichen Starts die Pläne verwerfen müssen, da sich die Rahmenbedingungen bereits wieder geändert haben.

Es gibt einen guten und nachvollziehbaren Grund, um nicht loszugehen: Sobald Sie ein Projekt, ein Vorhaben oder eine Aufgabe beginnen, bekommen Sie unmittelbar Feedback vom Umfeld. Dabei ist vielen nicht bewusst, dass es nur zwei Arten von Feedback gibt:

- GO!, was nichts anderes bedeutet als „Mach weiter, das funktioniert“, oder
- BEEP!, was so viel bedeutet wie „Das hat nicht funktioniert.“

Mit der gängigen Meinung, dass ein kritisches Feedback schlecht ist, landen die meisten Menschen schnell im Gedanken-Sumpf. Dieser besteht aus Stimmen in Ihrem Kopf, die Ihnen sagen – sobald Sie ein BEEP! bekommen haben – dass Sie es eben nicht können, nicht gut genug sind oder dass der andere ein Idiot ist und es doch selbst besser machen soll. Sie kennen diese Stimmen möglicherweise.

Wenn Sie das nächste Mal Feedback erhalten und Sie diese Stimmen bzw. Gedanken wahrnehmen, dann ist das jedoch nichts anderes als ein Hinweis darauf, dass Sie soeben ein BEEP! als Feedback erhalten haben. Die spannende Frage ist, wie Sie dann aus dem Sumpf wieder herauskommen. Es ist erstaunlich leicht. Sie kommen aus diesem Sumpf heraus, indem Sie weiteratmen und zu der Person, die Ihnen das BEEP! gegeben hat, sagen: „Vielen Dank für das Feedback.“ Ende. Keine Diskussion, kein Argumentieren, kein Rechtfertigen. Sie haben Feedback erhalten. Punkt. Bedanken Sie sich. Feedback hat nicht die Aufgabe schön oder nett zu sein. Feedback muss nur akkurat und präzise sein. Das wiederum können Sie spüren. Ist ein Feedback akkurat, dann trifft es Sie in irgendeiner Form. Manche spüren kurz einen Stich in der Magengegend. Andere merken vielleicht ein wenig Wut aufsteigen oder einen kleinen Schreck. Die Box ist an dieser Stelle sehr clever und könnte sagen: „Das Feedback ist nicht für mich. Das ist nur eine Projektion auf mich.“ Doch wenn Sie hinterher immer noch über das Feedback nachdenken, dann war es ganz sicher akkurat, sonst würden Sie keinen weiteren Gedanken daran verschwenden. Hat es nichts mit Ihnen zu tun, perlt es an Ihnen ab, wie Wasser auf dem Gefieder einer Ente.

Haben Sie es schon einmal erlebt, dass jemand immer wieder das gleiche BEEP! erhält, aber sich trotzdem nichts ändert? Das liegt daran, dass in diesen Fällen der entscheidende Schritt 3 des schnellen Lernens vergessen wird. Dieser Schritt heißt: SHIFT! oder: Verändere etwas! Wenn Sie ein BEEP! erhalten und nichts verändern oder nichts Neues ausprobieren, dann werden Sie immer wieder das gleiche Feedback bekommen. Schnelles Lernen ist also in Kurzform: GO! BEEP! SHIFT! GO! Sie gehen los, bekommen Feedback, verändern etwas und gehen damit wieder los.

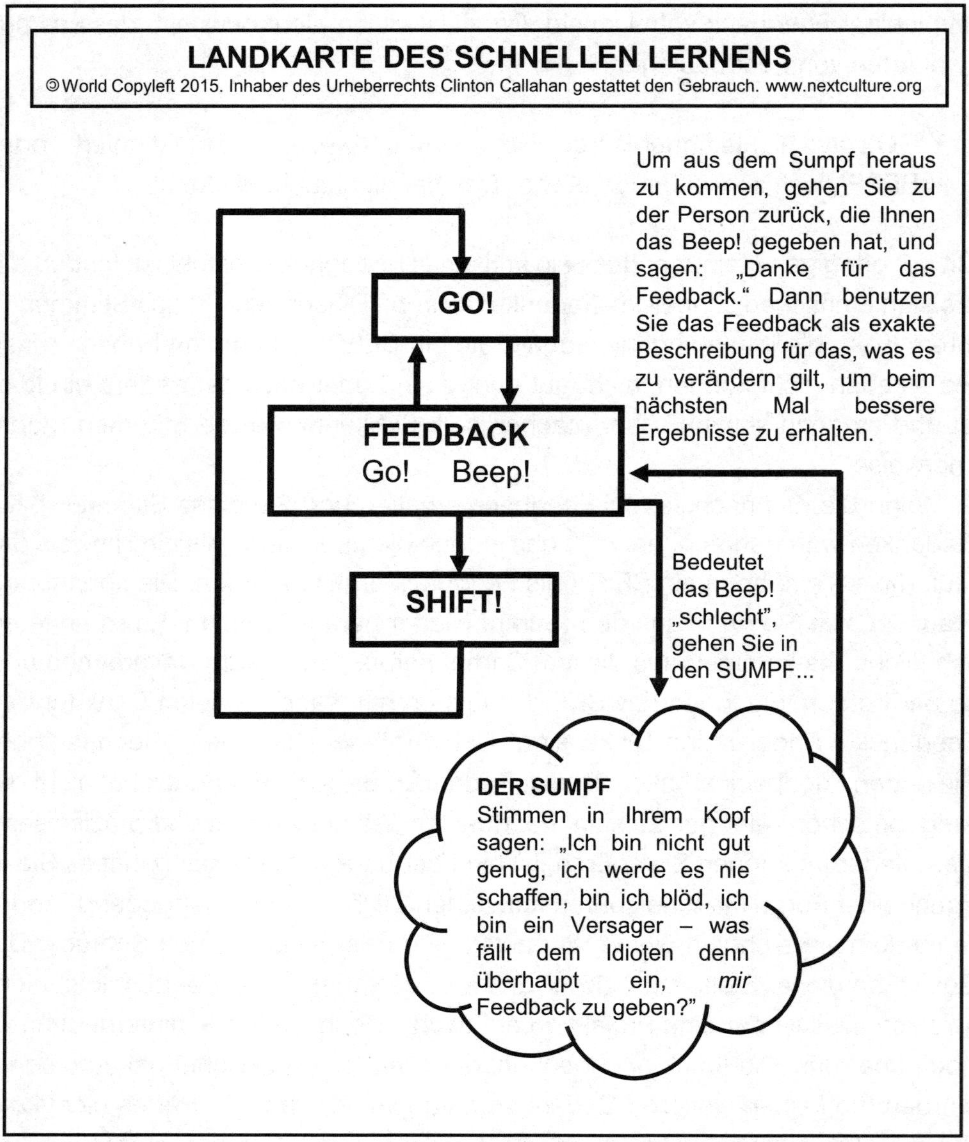

Landkarte 18: Schnelles Lernen

Wenn dieses schnelle Lernen als Feedback-Kultur in einem ganzen Team oder gar im gesamten Unternehmen eingeführt und praktiziert würde, könnte das z. B. folgendermaßen aussehen:

- Jedes Teammitglied – das schließt den *Edgeworker* ein – würde aktiv um Feedback bitten. Wenn ein Mitarbeiter z. B. ein wichtiges Kundentelefonat geführt hat und ein Kollege mit im Raum war, könnte er den Kollegen um Feedback dahingehend bitten, ob das Gespräch funktioniert hat oder er etwas verbessern kann.
- Umgekehrt könnte auch der Kollege proaktiv auf den Mitarbeiter zugehen und sagen: „Darf ich dir Feedback und Coaching geben?", falls ihm etwas aufgefallen ist.
- So wie es möglich ist, im Nachhinein Feedback und Coaching zu geben, besteht in einem Unternehmen mit tragfähiger Feedback-Kultur auch die Möglichkeit, z. B. schwierige Gespräche im Vorfeld als Rollenspiele zu üben. Dazu würde der Mitarbeiter ein Feedback und Coaching Team zusammenstellen und einen Kollegen bitten, in die Rolle des Kunden zu schlüpfen. Dann würde er mit diesem Kollegen beispielsweise ein Reklamationsgespräch führen. Der Kollege würde in diesem Gespräch als Kunde reagieren, während die anderen Teamkollegen dem Mitarbeiter Feedback und Coaching zu seinem Verhalten geben. Zu schriftlicher Kommunikation mit Kunden könnte sich ein Mitarbeiter auch Feedback von Kollegen einholen, bevor er die Nachricht abschickt.
- Um die Feedback-Kultur lebendig zu halten, könnte es zudem regelmäßig Meetings geben, in denen sich die Mitarbeiter gegenseitig – und auch dem Chef – bewusst Feedback darüber geben, was funktioniert hat und was nicht funktioniert hat. Gleichzeitig könnten in solch einem Meeting Spannungen angesprochen und Lösungsmöglichkeiten erarbeitet werden.
- Um das schnelle Lernen darüber hinaus noch zu intensivieren und die Qualität von Feedback und Coaching zu erhöhen, ist es sinnvoll, sich auch gegenseitig Feedback und Coaching in Bezug auf das erhaltene Feedback und Coaching zu geben. Es handelt sich dabei um eine Rückmeldung darüber, was beim Feedback und Coaching funktioniert hat und was nicht. War das Feedback und Coaching beispielsweise klar und präzise genug?

Voraussetzung dafür ist wie gesagt, dass das schnelle Lernen im Unternehmen als Methode eingeführt und in einem sicheren Trainingsumfeld auch trainiert wurde.

Edgeworker schätzen Feedback und sind wahre Meister des schnellen Lernens. Sie sind schnelle und klare Entscheider, die sich nicht ausschließlich auf Fakten verlassen. Im gewöhnlichen Spiel sind Manager erfolgreich, welche die richtigen Entscheidungen aus dem Bauch heraus treffen, ein Gespür für die Konsequenzen haben und viel Klarheit besitzen, oder aber Manager, die ihre Entscheidungen durch detaillierte Analysen untermauern. Für *Edgeworker* ist darüber hinaus entscheidend, eine tragfähige Feedback-Kultur zu etablieren und bei Bedarf das ganze Team in den Entscheidungsprozess einzubinden.

Ein *Edgeworker* etabliert eine tragfähige Feedback-Kultur, die in zwei Richtungen funktioniert. Das bedeutet, ein *Edgeworker* gibt nicht nur Feedback an sein Team, sondern fordert es auch für sich ein. Gerade das ist in den Unternehmen heute eine große Hürde, denn Mitarbeiter trauen sich in den wenigsten Fällen, Vorgesetzten und manchmal sogar den eigenen Kollegen aufrichtig Feedback zu geben. Im altbekannten hierarchischen Spiel ist es keine Option, den Chef zu kritisieren, denn kritisches Feedback könnte jederzeit gegen den Feedback-Geber verwendet werden. *Edgeworker* hingegen fördern Feedback und Coaching solange im Team, bis es zur Normalität geworden ist. Stellen Sie sich einmal vor, wie viel Potenzial freigesetzt würde, wenn ein Team schnelles Lernen als Prinzip für sich in Anspruch nähme. Das ganze Team wäre jederzeit in der Lage, in neuen Situationen effektiv zu bleiben. *Edgeworker* brechen dabei eine Regel, die auch Rick Lewis in seinem Buch *7 Rules You Were Born To Break* beschreibt: Sie brechen die Businessregel, keine Fehler zu machen.

Edgeworkern ist bewusst, dass sie beim Losgehen nur zwei Arten von Feedback erhalten können und bauen darauf. Für sie ist es klar, dass Fehler unvermeidbar und Teil des Prozesses sind, da sie als *Edgeworker* als erste in unbekanntes Gebiet gehen.

Edgeworker lernen mit Hingabe und verweilen nicht lange in dem komfortablen Zustand, etwas zu können oder zu wissen. Für sie gibt es nicht den Satz: „Ich habe ausgelernt." Oder: „Ich weiß alles, was ich wissen muss." Stattdessen durchlaufen sie permanent und mit großer Freude die sogenannte *Lernspirale*.

Auf der *Landkarte der Lernspirale* starten Sie im Prozess des Lernens zunächst in der unbewussten Inkompetenz. An diesem Punkt ist Ihnen zunächst nicht bewusst, dass Sie etwas nicht wissen oder können. Dieser Zustand hält an, bis Sie Feedback erhalten und offensichtlich wird, dass Sie etwas nicht können.

Ein *Edgeworker* könnte zum Beispiel das Feedback von einem Kollegen bekommen, dass er zu leise spricht. Bis zu dem Feedback hat er sich nicht darum gekümmert. Er war unwissend darüber und ist davon ausgegangen, dass die Lautstärke, in der er bis dahin gesprochen hat, in Ordnung war. Das Feedback katapultiert ihn in die zweite Phase der Lernspirale, die der bewussten Inkompetenz. Dieser Schritt kann sehr schmerzhaft sein, da offengelegt wird, was nicht funktioniert.

Ein *Edgeworker* wäre jedoch kein *Edgeworker*, wenn er dieses Feedback nicht als Gold ansehen und sofort nutzen würde, um sich darin zu üben, lauter zu sprechen. Er wird also ab sofort bewusst darauf achten und üben, seiner Stimme mehr Kraft zu verleihen. Durch weitere, bewusste Praxis gelangt er so in die dritte Phase: die bewusste Kompetenz. In dieser Phase wird er seine Team-Mitglieder bitten, ihm permanent Rückmeldung zu geben, ob seine Lautstärke angemessen, zu leise oder zu laut ist. Denken Sie daran, Feedback heißt nicht nur BEEP! sondern auch GO! Wenn sich jemand in einer neuen Fertigkeit übt, ist es in einer tragfähigen Feedback-Kultur entscheidend, auch Rückmeldung darüber zu geben, wenn etwas funktioniert. Durch fortwährendes Üben geht die neue Fertigkeit schließlich in unbewusste Kompetenz über, der vierten und letzten Phase der Lernspirale. In dieser Phase ist die neue Fertigkeit in Fleisch und Blut übergegangen und der *Edgeworker* muss nicht mehr darüber nachdenken.

LANDKARTE DER LERNSPIRALE

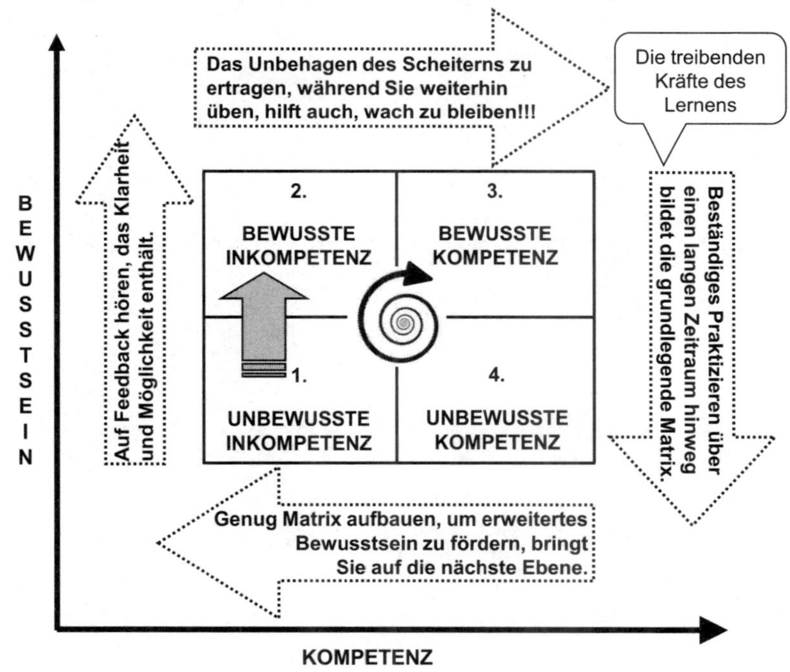

(Der Ursprung dieser Landkarte ist strittig, möglicherweise D. L. Kirkpatrick 1971, W. C. Howell 1977 oder T. Gordon in den siebziger Jahren. Diese Landkarte ähnelt auch dem berühmten Johari-Fenster. Die treibenden Kräfte des Lernens wurden der Landkarte im Jahre 2006 von Clinton Callahan hinzugefügt.)

Landkarte 19: Lernspirale

Ein anderes Beispiel könnte sein, dass der *Edgeworker* das Feedback erhält, dass er Informationen nur selektiv an bestimmte Mitarbeiter weiterleitet. Bis zu dem Feedback hat er sich keine Gedanken darüber gemacht, dass diese Informationen eventuell auch für weitere Mitarbeiter interessant oder notwendig sein könnten. Er wird folglich ab sofort bewusst darauf achten, die entsprechenden Mitarbeiter einzubinden und diese Achtsamkeit so zu kultivieren, dass er nicht mehr bewusst darüber nachdenken muss.

Ein *Edgeworker* verweilt jedoch nicht lange in der letzten Phase der Lernspirale, sondern begibt sich direkt in neues unbekanntes Gebiet. *Edgeworker* nehmen bewusst den Lernschmerz in Kauf und gewinnen auch das Team für diese Haltung.

Kapitel 6:

Edgeworker nutzen bewusst und verantwortlich ihre Gefühle

Vielleicht haben Sie es schon bemerkt, *Edgeworker* brauchen Mut. Woher kommt Mut? Ist Mut etwas, das manche Menschen haben und andere nicht? Ziehen Sie einmal folgende Perspektive in Betracht:

Mut ist nicht die Abwesenheit von Angst. Mut ist die Entscheidung, dass etwas anderes wichtiger ist als Angst.

Möglicherweise haben Sie diese Formulierung schon einmal mit etwas anderen Worten gehört. Im Unternehmenskontext ist es jedoch sinnvoll, im zweiten Satz bewusst das Wort Entscheidung einzusetzen, denn es bedarf für Mut einer bewussten Entscheidung und Klarheit über Gefühle.

Die Energie und Information der 4 Grundgefühle

Gefühle?! Im derzeitigen Business Kontext ist die gängige Meinung, dass Gefühle dort nichts zu suchen haben. Gefühle im Berufsleben zuzulassen wird als unprofessionell und schwach erachtet, vor allem bei Führungskräften. Eine Führungskraft, die Gefühle zeigt, ist angreifbar, unzuverlässig, hat sich nicht im Griff und ist nicht ernst zu nehmen. Zudem ist sie damit nicht in der Lage, harte Entscheidungen zu treffen, was von einem „guten“ Manager verlangt wird. Aus diesem Grund haben Manager im gewöhnlichen Kontext – wie auch ein Großteil der Bevölkerung – in den meisten Fällen keinen Zugang zu ihren Gefühlen.

Es lohnt sich, Gefühle einmal genauer zu untersuchen, da dieses Thema nicht nur im Wirtschaftsleben tabu ist, sondern auch in vielen anderen Bereichen der Gesellschaft. In der gegenwärtigen Gesellschaft sind die einzelnen Gefühle mit Bedeutungen behaftet, die von der Grundannahme ausgehen: **Es ist nicht in Ordnung zu fühlen.**

LANDKARTE DER VIER GEFÜHLE (ALTE SOFTWARE)

ANNAHME: ES IST NICHT IN ORDNUNG ZU FÜHLEN …

DENN **WUT:**

ist unzivilisiert, laut, zerstörerisch, unvorhersehbar, unhöflich, könnte jemanden verletzen, kann außer Kontrolle geraten, ist gefährlich, beleidigend, unreif, wird nicht ernst genommen, ist chaotisch, peinlich, macht andere wütend, lädt zu Rache ein, führt zum Durcheinander und zettelt Kriege an.

DENN **TRAURIGKEIT:**

ist schwach, emotional, kindisch, zu weich, macht keinen Spaß, Mitleid erregend, zeigt Opferhaltung, ist unprofessionell, nicht kreativ, zu verletzlich, lässt Sie lächerlich aussehen, ruiniert den Tag der anderen, ist entmutigend, nicht inspirierend, hält vom modernen, glücklichen Gesellschaftsleben ab, und egal, was es ist, Männer weinen nicht.

DENN **FREUDE:**

ist unrealistisch, kindisch, albern, nicht ernsthaft, angeberisch, naiv, arrogant, dümmlich, vorübergehend, bedeutet, es geht Ihnen zu gut, ist nicht intellektuell, entspricht nicht der realen Welt, ist den Problemen des Lebens gegenüber blind, macht andere eifersüchtig, worüber können Sie denn überhaupt noch froh sein? Wenn Sie zu viel lachen, denken die Menschen, Sie stünden unter Drogen oder Sie hätten nicht genug Arbeit.

DENN **ANGST:**

ist erbärmlich, irrational, instabil, feige, impulsiv, hysterisch, nervenaufreibend, lähmend, kraftlos, schwach, inkompetent, kindisch, umnebelt Entscheidungen, ist nicht vertrauenswürdig, kann keinen Schutz bieten, kann nicht führen, führt zu Überreaktionen, kann außer Kontrolle geraten und schnell allgemeine Panik verursachen.

Landkarte 20: Vier Gefühle – Alte Software

Auf der *Landkarte der Vier Gefühle (Alte Software)* wird eines offensichtlich: Es gibt nur vier Grundgefühle. Dies sind **Wut, Traurigkeit, Angst und Freude**. Dabei handelt es sich um sogenannte Gefühlsterritorien. Das bedeutet, dass es durchaus noch andere Umschreibungen für diese Gefühle gibt, jedoch die unterschiedlichen Begriffe in der Regel einer dieser vier Kategorien zugeordnet werden können (z. B. gehört Groll in die Kategorie Wut, während Nervosität in die Kategorie Angst gehört).

In der gegenwärtigen Gesellschaft wird propagiert, dass es nicht in Ordnung ist, zu fühlen. Warum ist es zum Beispiel nicht okay, Wut zu fühlen und auszudrücken? Wut wird als zerstörerisch, aggressiv, gefährlich und kindisch gesehen. Wütende Menschen haben sich nicht im Griff und werden als jähzornig oder cholerisch abgestempelt. „Wer schreit, hat Unrecht" sagt ein Sprichwort. Wenn Sie als Kind wütend waren, wurden Sie möglicherweise auf Ihr Zimmer geschickt und durften erst wieder herauskommen, wenn Sie sich beruhigt hatten. Somit wird Wut als negativ erachtet und ist zu vermeiden.

Warum ist es genauso wenig in Ordnung, traurig zu sein? Traurigkeit steht im Verdacht, nicht konstruktiv zu sein und andere mit runterzuziehen. Sie gilt als schwach und ist schon gar nichts für Männer, denn Männer weinen nicht. Schon früh werden Kinder von anderen Kindern häufig als Heulsuse bezeichnet, wenn sie weinen. Oft werden sie von Erwachsenen mit den Worten getröstet: „Es ist doch nichts passiert. Du musst doch nicht weinen." Heute könnte ein Mitarbeiter bei allzu häufiger Traurigkeit von seinen Kollegen als depressiv bezeichnet werden. Traurigkeit wird somit ebenfalls negativ bewertet.

Wie sieht es mit der Angst aus? Ist es okay, Angst zu haben und zu zeigen? Nein, genauso wenig. Angst blockiert und gilt als schwach. Wenn Sie Angst zeigen, werden Sie als unzurechnungsfähig betitelt und können keine Entscheidungen treffen. Sie werden als Feigling, Angsthase oder Memme bezeichnet. Wenn Sie als Kind Angst hatten oder bei einer Mutprobe nicht mitmachen wollten, wurden Sie ausgelacht oder sogar ausgegrenzt. Ihnen wurde früh beigebracht, dass ein Anführer niemals Angst hat oder zeigt, sondern ein starker Held sein muss. Auch Angst ist somit nicht erstrebenswert, schon gar nicht als Führungskraft.

Wie sieht es mit dem vierten und letzten Gefühlsterritorium, der Freude, aus? Freude sollte doch auf jeden Fall erstrebenswert sein, nicht wahr? In Maßen vielleicht, doch was passiert, wenn Sie den ganzen Tag grinsend im Büro sitzen? Richtig, dann fragen Ihre Kollegen, ob Sie etwas geraucht, nicht genug Arbeit oder die Nachrichten noch nicht gehört haben. Zu viel Freude ist nach allgemeiner Ansicht albern, kindisch und macht andere neidisch. Sie riskieren als

Kasper, Clown oder naiver Positivdenker gebrandmarkt zu werden. Mit zu viel Freude sind Sie schlichtweg nicht ernst zu nehmen und damit unprofessionell. Wenn Sie als Kind zu viel Freude gezeigt haben, haben Sie vielleicht Sätze gehört wie: „Freu dich nicht zu früh“, „Sei nicht so übermütig“ oder „Krieg dich mal wieder ein.“ Daher ist es angemessen, auch Freude nicht übermäßig zu zeigen.

Zusammengefasst ist die vorherrschende Meinung, dass Gefühle nicht in Ordnung sind und insbesondere im Job nichts verloren haben. Wenn Sie im Unternehmen auch nur ansatzweise Gefühle zeigen, weil Ihnen möglicherweise eine Situation nahegeht, dann heißt es schnell: „Komm, jetzt reiß dich mal zusammen.“ Im gewöhnlichen Kontext von hierarchischen Führungsstrukturen gehört das Wegdrücken von Gefühlen zum Alltag eines Managers.

Edgeworker brauchen jedoch den Zugang zu ihren Gefühlen, um diese bewusst und verantwortlich nutzen zu können. Dies ist sogar eine der entscheidendsten Eigenschaften eines *Edgeworkers*. Diese Nachricht könnte Ihre Box in Alarmbereitschaft versetzen und dazu führen, dass sich Widerstand in Ihnen breitmacht.

Ein Experiment wäre, alles zu vergessen, was Sie bisher über Gefühle gehört haben, und eine neue Sichtweise in Betracht zu ziehen. Die Grundannahme der neuen Sichtweise lautet: **Gefühle sind neutrale Energie und Information, die Ihnen professionell dienen.**

Wie könnte Ihnen z. B. Wut professionell dienen? Wozu könnten Sie die Energie der Wut nutzen? Sie könnten die Wut nutzen, um z. B.:

- zu erkennen, was nicht stimmig oder nicht in Ordnung ist,
- Grenzen zu setzen,
- Entscheidungen zu treffen,
- in Aktion zu treten,
- klar JA oder NEIN zu sagen,
- Dinge zu beginnen oder zu beenden,
- Verantwortung zu übernehmen,
- Klarheit zu erzeugen.

In einem sich schnell verändernden Umfeld ist es wichtig, die Wut zu nutzen, um schnelle und klare Entscheidungen zu treffen, in Aktion zu treten und Grenzen zu setzen. Wenn dies ausbleibt, ist ein Team nicht fähig, vorwärts zu gehen. Dann kommt es zu Reibungsverlusten, und die Gefahr besteht, dass Einzelpersonen ein ganzes Team bremsen. *Edgeworker* haben keine Angst, ihrer Wut zu vertrauen und sind bereit, sich unbeliebt zu machen, indem sie für Klarheit sorgen, wenn im Unternehmenskontext etwas unklar oder unstimmig ist. Ein *Edgeworker* hält sich nicht an hierarchische Kommunikationswege, sondern bringt Grenzen, Klarheit, Entscheidungen und Unterscheidungen dort ein, wo sie gebraucht werden. Er schafft dadurch einen sicheren Raum, in dem keine Spielchen gespielt werden. In schwierigen Situationen sorgt er für Klarheit, so dass ein Team effektiv arbeiten kann. Wut ist für ihn eine essentielle Kraft.

Wie sieht es mit Traurigkeit aus? Mit Traurigkeit können Sie beispielsweise:

- in Kontakt mit Mitarbeitern und Kollegen sein,
- authentische Beziehungen aufbauen, die nicht rein intellektuell sind,
- Mitgefühl entwickeln,
- Dinge akzeptieren,
- authentisch kommunizieren,
- andere Menschen wertschätzen,
- Altes loslassen (Position, Abteilung, Strukturen etc.).

Edgeworker nutzen ihre Traurigkeit, um mit den Menschen in ihrer Spielwelt authentisch und beziehungsfördernd zu kommunizieren. Anstatt rein intellektuell in Kontakt zu treten, sind sie darauf bedacht, tragfähige und vertrauensvolle Beziehungen herzustellen, weil sie wissen, dass das die Grundlage für die Arbeit mit Menschen ist. *Edgeworker* nutzen die Traurigkeit, um Gemeinschaft zu fördern, statt im bekannten Einzelkämpfertum festzustecken und die im gewöhnlichen Unternehmenskontext populäre Herangehensweise des einsamen Wolfes zu praktizieren. Dadurch setzen *Edgeworker* die Kreativität ihres Teams frei, was dazu führt, dass das Team um ein Vielfaches mehr erreichen kann. Hätten Sie gedacht, dass gerade das Gefühl von Traurigkeit dabei helfen kann?

Wie könnte Ihnen die Angst professionell dienen? Mit Angst können Sie z. B.:

- Warnsignale für notwendige Entscheidungen empfangen,
- Pläne machen,
- achtsam sein,
- aufmerksam und wach sein,
- kreativ sein und innovative Lösungen finden,
- unbekannte Gebiete erforschen,
- gefährliche Fragen stellen.

Wenn Sie einer neuen Herausforderung begegnen oder in einem Projekt nicht wissen, wie Sie agieren sollen, ist eine Möglichkeit zu versuchen, altbewährte Lösungen anzuwenden oder aber Ihrer Angst zu vertrauen und etwas Neues auszuprobieren. Letzteres ist allerdings nur möglich, sofern Angst für Sie in Ordnung ist. Ist Angst für Sie gefährlich, unbequem oder zu vermeiden (alte Sichtweise), haben Sie nur die Möglichkeit zur Verfügung, bekannte Lösungen anzuwenden. Damit kommen Sie jedoch nicht weit, insbesondere dann nicht, wenn die Schnelligkeit von Veränderung ständig zunimmt. Echte Innovation erfordert die Fähigkeit, der eigenen Angst zu vertrauen und im Nichtwissen zu stehen. Daraus entwickelt sich die Fähigkeit, in einem sich schnell verändernden Umfeld effektiv zu agieren. Führungskräfte, die keinen Zugang zu ihrer Angst haben, können kein Neuland betreten und sind somit keine Innovatoren!

Bleibt als viertes Gefühl noch die Freude. Wie könnte Ihnen die Freude professionell dienen? Nun, Sie können sie nutzen, um z. B.:

- Menschen (Teams, Abteilungen etc.) zusammenzubringen,
- zu begeistern und begeistert zu sein,
- mit Leichtigkeit zu führen,
- Teambindung zu erzeugen,
- voranzugehen,
- eine Vision zu verfolgen (Neues ausprobieren),
- Grenzen zu durchbrechen.

Um andere Menschen zu bewegen, nutzt der *Edgeworker* seine Freude. Er begeistert und gewinnt andere für eine gemeinsame Vision. Er erschafft keine Nachfolger sondern befähigt selbständig denkende und handelnde *Edgeworker*. Ein *Edgeworker* bringt weitere *Edgeworker* hervor. Ohne Freude wäre er nicht in der Lage, andere Menschen zu inspirieren. Anstatt – wie im gewöhnlichen Kontext üblich – mit Druck zu arbeiten, bewirkt er durch Sinnhaftigkeit, Vision und Authentizität eine gewisse Attraktivität und Anziehung für andere, Teil dieser Vision zu sein. Dieser Sog führt dazu, dass Menschen sich gerne für die Sache einbringen. *Edgeworker* sind somit in der Lage, über die Freude eine regelrechte Bewegung zu initiieren. Wie viele Manager kennen Sie, die dazu in der Lage sind?

LANDKARTE DER VIER GEFÜHLE (NEUE SOFTWARE)

ANNAHME: GEFÜHLE SIND NEUTRALE ENERGIE UND INFORMATION, DIE IHNEN PROFESSIONELL DIENEN.

MIT **WUT** KÖNNEN SIE:

Nein sagen, Ja sagen, Dinge beginnen, Dinge beenden, Dinge verändern, ausmisten und Sachen loswerden, für Klarheit sorgen, Ungerechtigkeit erkennen, Grenzen setzen, Integrität aufrechterhalten, Absicht zeigen, Entscheidungen fällen, Versprechen einhalten, Raum halten, sich selbst beobachten, um das bitten, was Sie wollen, für etwas oder jemanden einstehen, sich schützen, Maßnahmen ergreifen.

MIT **TRAURIGKEIT** KÖNNEN SIE:

sich öffnen, sich mitteilen, verletzlich sein, still werden, Dinge akzeptieren, Dinge loslassen, trauern, nachgeben, geheilt werden, zuhören, nachdenken, Raum geben, Verbindung aufnehmen, Schmerz erkennen, authentisch sein, Dinge zu Ende bringen, Kummer zulassen, sich irren, menschlich sein, schweigen, Sorge tragen, eine unterstützende Position einnehmen, Nähe zulassen, unsichtbar sein.

MIT **FREUDE** KÖNNEN SIE:

begeistert sein, andere motivieren, Visionen haben, vorangehen, Möglichkeiten auskosten, sich auf Abenteuer einlassen, experimentieren, entdecken, Unbequemlichkeiten oder Härtefälle akzeptieren, durch Probleme hindurch tanzen, gütig sein, großzügig sein, Teamgeist besitzen, andere dazu inspirieren, weiterzumachen, führen, verspielt sein, leicht sein, Menschen ohne Grund wertschätzen.

MIT **ANGST** KÖNNEN SIE:

Gefahren wittern, Risiken abschätzen, sich konzentrieren, neugierig sein, Pläne machen, Katastrophen vermeiden, zentriert bleiben, Vereinbarungen treffen, sich um Details kümmern, aufmerksam sein, präzise sein, gefährliche Fragen stellen, innovativ sein, Fehler machen, nichtlinear vorgehen, im Nichts stehen und improvisieren, präsent bleiben, wach sein, der Zukunft ins Auge sehen, sich in unbekanntes Gebiet vorwagen.

Landkarte 21: Vier Gefühle – Neue Software

Wäre diese neue Betrachtungsweise der vier Gefühlsterritorien hilfreich? Wären die Gefühle unter dieser Annahme dienlich? Aus unserer Sicht wäre es für jede Führungskraft nützlich, die Gefühle auf diese neue Art und Weise bewusst einzusetzen und zu nutzen. Für *Edgeworker* sind diese Fertigkeiten allerdings unabdingbar angesichts der aktuellen und zukünftigen Herausforderungen, denen die Unternehmen ausgesetzt sind. *Edgeworker* haben Klarheit darüber, dass Gefühle ein verlässliches Navigationssystem sind, welches sie in Zeiten schneller Veränderung zielsicher durch turbulente Situationen mit neuen Herausforderungen führt.

Gefühle können beispielsweise in den Unternehmenskontext eingebracht werden, indem Besprechungen mit einem kurzen Austausch, auch *Check-In* genannt, beginnen. Während eines Check-Ins teilt jeder Teilnehmer mit, wo er gerade in Bezug auf seine Arbeit bzw. Dinge, die im Unternehmen passieren, steht. Das setzt voraus, dass ein *Edgeworker* den Mut hat, sich als Erster verletzlich zu zeigen und über seine Gefühle zu sprechen. Da das Thema Gefühle in Unternehmen heikel ist, brauchen die Mitarbeiter an dieser Stelle eine Person, die vorangeht und demonstriert, dass es in Ordnung ist, Gefühle zu kommunizieren. In fortgeschrittener Variante kann ein Check-In dann auch persönliche Belange beinhalten. Das würde dazu führen, dass es weniger emotionale Reibungsverluste gibt, da über Befindlichkeiten offen und authentisch gesprochen wird. Dadurch wird die gesamte Unternehmenskultur menschlicher.

Das Herabsetzen der Taubheitsschwelle

Im ersten Moment könnte es sich gefährlich anhören, die Gefühle im Berufsleben bewusst einzusetzen. Schließlich haben Sie alles dafür getan, um sie nicht spüren zu müssen. Es geht jedoch nicht um schreiende, weinende und zitternde Führungskräfte und Mitarbeiter. Oftmals entsteht diese Assoziation aus der Erfahrung heraus, dass Gefühle erst gezeigt werden, wenn sie ein bestimmtes Maß überschreiten. Das bedeutet, die Gefühle müssen so groß werden, dass sie Ihre sogenannte *Taubheitsschwelle* überschreiten und Sie die Gefühle nicht mehr unterdrücken können.

Wie die *Landkarte der Taubheitsschwelle (Alte Sicht)* zeigt, liegt die Taubheitsschwelle, d.h. die Schwelle, bevor Sie überhaupt ein Gefühl fühlen, bei den meisten Menschen bei 80%. Ihre Wut muss also 80% groß werden, bis Sie diese erst richtig wahrnehmen. Erreicht sie schließlich diese Marke, folgt meistens ein lautstarker Vulkanausbruch. Nach dem Ausbruch denken schließlich alle Beteiligten – sowohl die wütende Person als auch jene, die die Wut abbekommen haben: „Oh je, das darf aber nie wieder passieren. Da muss ich mich das nächste Mal aber besser im Griff haben.“ Das ist wiederum eine Bestätigung der Annahme, dass Gefühle nicht in Ordnung sind. Somit halten die meisten Menschen die Taubheitsschwelle weiterhin hoch oder versuchen, diese noch weiter nach oben zu setzen. Es ist eine Art Teufelskreis.

LANDKARTE DER TAUBHEITSSCHWELLE (ALTE SICHT)

Die moderne Kultur bringt Ihnen bei, Ihre *Taubheitsschwelle* immer höher und höher anzusiedeln, damit Sie das Gefühl von Komfort bekommen. Das Mainstream-Motto lautet: *Vermeiden Sie Schmerz*. Doch Gefühllosigkeit hält uns davon ab, angemessen auf die gegenwärtigen Bedingungen zu reagieren.

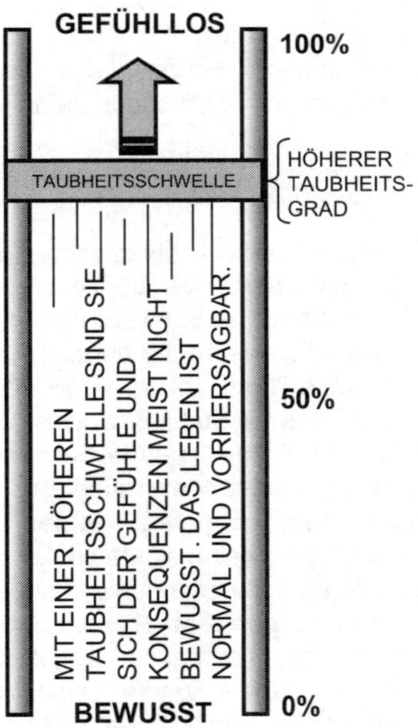

Eine hohe Taubheitsschwelle gewährleistet, dass ein Gefühl mit einem Intensitätsgrad unterhalb dieser Schwelle nicht bewusst registriert wird. Sie fühlen es nicht. Mit einer hohen Taubheitsschwelle können Sie arglos einer ungeliebten Arbeit nachgehen, ohne Integrität führen, korrupte Führung akzeptieren ohne konsequent zu sein, endlos konsumieren und Ihre eigenen Gefühle weiterhin nicht wahrnehmen.

Wie halten Sie Ihre Taubheitsschwelle weit oben? Jeder von uns hat seine Lieblingsmethode: sich überessen, sich überarbeiten, übermäßig Sport treiben, übermäßiges Einkaufen, Witze reißen, Leugnung, Selbsterkenntnis vermeiden, rechthaberisch sein, Zucker, Alkohol, Drogen, konstanter Fernseh- oder Radiolärm im Hintergrund, zu schnell fahren, konkurrieren, versuchen, perfekt zu sein und so weiter. Wir haben uns extrem darauf verschrieben – und wir sind sehr kreativ dabei - gefühllos zu bleiben.

Landkarte 22: Taubheitsschwelle – Alte Sicht

Die Taubheitsschwelle bewusst herabzusetzen klingt somit paradox, denn das würde bedeuten, dass Sie ein Gefühl viel früher wahrnehmen. Fakt ist jedoch, dass ein Gefühl verschwindet, sobald es bewusst ausgedrückt und genutzt wird. Wenn Sie in der Lage sind, ein Gefühl schon bei 5% oder 10 % wahrzunehmen und es bewusst zu nutzen, um beispielsweise eine Grenze zu setzen, kommt es gar nicht erst dazu, dass es 80 % oder größer werden muss, bis Sie in Aktion treten. Sie müssen also nicht erst zum Vulkan werden, aus dem Ihre Gefühle unkontrolliert herausbrodeln.

Wie die *Landkarte der Taubheitsschwelle (Neue Sicht)* zeigt, können Sie mit einer niedrigen Taubheitsschwelle die Gefühle schon bei geringer Intensität bewusst wahrnehmen – und zwar nicht nur Ihre eigenen, sondern auch die von Mitarbeitern und Kollegen.

LANDKARTE DER TAUBHEITSSCHWELLE (NEUE SICHT)

Sie können Ihre Taubheitsschwelle verantwortlich Schritt für Schritt immer weiter herabsetzen. Indem Sie das tun, werden Sie verletzlicher, wahrnehmungsfähiger, reaktionsfähiger und stehen mehr in Beziehung.

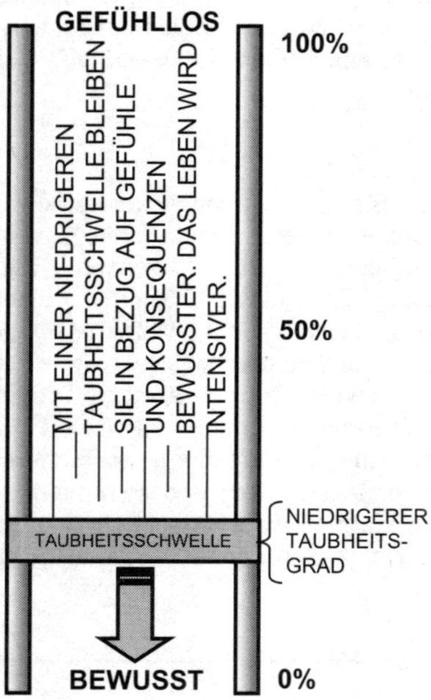

Das Herabsetzen Ihrer Taubheitsschwelle ist weder philosophischer noch konzeptioneller Natur. Es ist erlebbar. Die Schwelle kann nicht kostenlos gesenkt werden – es braucht Arbeit und Sie müssen den vollen Preis dafür bezahlen. Der Preis für mehr Bewusstsein ist Schmerz. Je mehr Dinge Ihnen bewusst sind, sowohl in Ihrem Inneren als auch um Sie herum, desto mehr Schmerz werden Sie fühlen. Wenn Sie keine Fertigkeiten im inneren Navigieren der vier Gefühle besitzen – wenn Sie nicht in der Klarheit leben, dass Schmerz bloß Wut, Traurigkeit, Angst oder Freude ist – dann könnte sich das Herabsetzen Ihrer Taubheitsschwelle überwältigend intensiv anfühlen. Ein erwachsener Mensch ist dazu entworfen, 100% bewusst zu sein, und 100% intensive, reine Gefühle zu erleben und aus ihnen Nutzen zu ziehen.

Landkarte 23: Taubheitsschwelle – Neue Sicht

Gefühle in Change-Prozessen

Eine niedrige Taubheitsschwelle ist insbesondere in Veränderungsprozessen sehr hilfreich, denn dort ist es völlig normal, dass Gefühle aufkommen. Solange Gefühle jedoch als nicht in Ordnung klassifiziert werden, ist es unmöglich, Veränderungsprozesse effektiv durchzuführen oder sogar zu initiieren. Stellen Sie sich einmal vor, wie viele Veränderungsprozesse nicht erfolgreich durchgeführt werden, weil Manager oder Mitarbeiter diese aus Angst oder anderen Gefühlen boykottieren.

Das Thema Change Management ist ein brisantes Unterfangen. Es fällt auf, dass menschlichen Aspekten bei strategischen Entscheidungen oftmals zu wenig Aufmerksamkeit gewidmet wird. Wie kann dem also mehr Rechnung getragen werden?

Wenn Veränderungsprozesse anstehen, bedeutet das für die Mitarbeiter vielfach eine emotionsgeladene Zeit. Unterschiedlichste Gefühle kommen auf, und es ist hilfreich diese anzuerkennen, sich damit auseinanderzusetzen und zu berücksichtigen, dass es bei der Anpassung an schnelle Veränderungen fünf Phasen gibt.

Während eines Veränderungsprozesses ist es daher entscheidend, sich bewusst zu machen, welche Phasen und damit verbundene Gefühle die Mitarbeiter durchlaufen, und dafür Raum zu gewähren. Die 5 Phasen, die bei einer Veränderung zum Tragen kommen, basieren auf den ursprünglich von Elisabeth Kübler-Ross beschriebenen fünf Phasen des Sterbens. Diese wurden erweitert und auf den Businesskontext übertragen:

Phase 1: Verleugnung

Die erste Reaktion auf plötzliche Veränderung ist oftmals Verleugnung. Aussagen, die diese Verleugnung untermalen, sind z. B.: „Was? Das kann doch nicht wahr sein! Das passiert jetzt nicht im Ernst!" Es ist der erste Schockzustand, sobald ein Mitarbeiter mit einer neuen Situation konfrontiert wird. Das Gefühl, welches dahinter steht, ist Angst. Angst davor, dass Altbekanntes zusammenbricht. Der Verstand will nicht glauben, dass bekannte Arbeitsschritte und gewohnte Abläufe bis hin zu kompletten Strukturen zerfallen und ein Stück des Weltbildes – und damit auch der eigenen Identität – bröckelt. Bisher hat der Job in einer bestimmten Abteilung dem Mitarbeiter eine Struktur, einen Rahmen vorgegeben, über den er sich definieren konnte. Eine grundlegende, strategische Veränderung im Unternehmen bedeutet für den Mitarbeiter somit zunächst einmal Kontrollverlust und den Fall ins Leere. Dies tritt selbst dann ein, wenn Mitarbeiter mit der bisherigen Situation unzufrieden waren. In dem Fall ziehen Menschen meist das gewohnte Inakzeptable dem unsicheren, unbekannten Neuen vor.

Phase 2: Empörung

Nachdem der erste Schock verdaut wurde, kommt der Zustand der Empörung. Ein innerer Mechanismus springt an, der die bisherigen, bewährten Strukturen aufrechterhalten will, getreu dem Motto: „Wieso ich? Es hat doch früher funktioniert, wieso jetzt nicht mehr?“ Das Gefühl, das sich hinter der Empörung verbirgt, ist Wut. Die Mitarbeiter sind wütend, dass ihnen der Boden unter den Füßen weggezogen wird. Es ist die Wut darüber, dass ihre sicher geglaubte Welt zerstört wird. In dieser Phase zeigen sich viele Mitarbeiter resistent gegenüber der Veränderung und sind gewillt, diese zu bekämpfen. Dies ist mitunter die Phase, in der sich Mitarbeiter und Geschäftsführung hitzige Diskussionen liefern oder in der fähige Mitarbeiter das Unternehmen verlassen, weil sie sich nicht abgeholt fühlen.

Phase 3: Verhandlung

In der dritten Phase versucht der Betroffene, eine Kompromisslösung vorzuschlagen und die andere Partei zu überzeugen, die anstehende Veränderung abzumildern oder ganz auszusetzen. Es ist der kleine, trickreiche Gaunerteil in Ihnen (der Gremlin, erinnern Sie sich?), der plötzlich bemüht ist, seine Haut zu retten und zur Not auch faule Kompromisse vorzuschlagen. In diesem Stadium werden gerne verschiedene Gefühle vermischt, z. B. Angst, Wut und Freude. Es geht in erster Linie darum, doch noch eine Möglichkeit zu finden, die Veränderung zu vermeiden. Oftmals werden dazu mehrere Schleifen gedreht und zahlreiche Versuche unternommen.

Phase 4: Gram

Wird von der angekündigten Veränderung nicht abgewichen, so setzt bei dem Mitarbeiter schließlich die Realisierung ein, dass er sich von seiner sicher geglaubten Position endgültig verabschieden muss, und nichts mehr so sein wird wie vorher. Das dahinterstehende Gefühl ist die Traurigkeit. Traurigkeit darüber, dass der bisherige Job, die gewohnten Strukturen, das was der Mitarbeiter kannte, nun tatsächlich zu Ende ist.

Die Falle, die in dieser Phase lauert, ist die vermeintliche Akzeptanz – ein anderes Wort wäre Resignation. Es passiert häufig, dass Mitarbeiter sich der

Veränderung fügen und sie scheinbar akzeptieren, jedoch innerlich nach wie vor in einem der Schritte 1 bis 4 feststecken. Sie hegen Groll gegen den Vorgesetzten oder das Top Management, das die Entscheidung getroffen hat, verharren in Angst oder in der Rolle des traurigen, armen Opfers, das von den Umständen gebeutelt ist. Die Mitarbeiter kommen in diesem Fall nicht wirklich bei Phase 5, der echten Akzeptanz, an und sind somit auch nicht in der Lage, radikale Verantwortung für die neue Situation, den neuen Job, oder die neuen Unternehmensstrukturen zu übernehmen. Vielmehr entsteht eine Motivationsstarre, die oftmals zum Phänomen „Dienst nach Vorschrift" oder „innere Kündigung" wird.

Phase 5: Akzeptanz
Das Gefühl, das hinter der Akzeptanz steckt, ist Freude. Diese Phase tritt ein, wenn ein Mitarbeiter erkennt, dass die Veränderung neue Möglichkeiten und Chancen für ihn bereithält. Diesen Schritt zu erreichen, kann jedoch eine Weile dauern. Wenn das altbekannte Umfeld zunächst ins Wanken gerät und schließlich zusammenbricht, reagieren die wenigsten Menschen sofort mit Akzeptanz und Freude.

Welche Veränderung auch anstehen mag, die ersten vier Phasen sind unausweichlich. Durch diese werden die Mitarbeiter hindurchgehen. Die einen schneller, die anderen langsamer. Es kann auch passieren, dass diese Phasen mehrfach durchlaufen werden. Zudem sind sie nicht linear angeordnet, d.h. ein Mitarbeiter kann zunächst beispielsweise mit Schritt 1 beginnen, dann zu Schritt 4 springen, bevor er 2 und 3 durchläuft, und dann wieder zu 1 zurückkehren. Die Veränderung ist erst verdaut, wenn ein Mitarbeiter schließlich bei Schritt 5, der Akzeptanz, angekommen ist. Erst dann ist er in der Lage, verantwortlich in Aktion zu treten.

Verantwortung ist die Maßnahme und die Voraussetzung für tragfähigen Wandel. Wenn die Mitarbeiter eine Unternehmensveränderung nicht verantwortlich mittragen, dann bleibt das Potenzial, das in der Veränderung und in jedem einzelnen steckt, verborgen. Dann machen die Mitarbeiter den Wandel widerwillig mit, d.h. die neuen Unternehmensstrukturen und Maßnahmen werden vorgeschrieben und etabliert, doch die Mitarbeiter sind nicht mit im Boot. Sind die Mitarbeiter nicht im Boot, können sie mit dem Top Management nicht in die gleiche Richtung segeln. Sie verfolgen unbewusst eine andere Absicht und arbeiten somit unter Umständen sogar gegen das Unternehmensziel.

Ein *Edgeworker* ist sich darüber bewusst, dass Veränderungen mit Gefühlen und den genannten fünf Phasen einhergehen. Damit hat er vollkommen andere Möglichkeiten, Veränderungsprozesse zusammen mit den Menschen in der Organisation zu gestalten. Im Gegensatz zu gewöhnlichen Managern besteht die Absicht eines *Edgeworkers* darin, nicht nur miteinander sondern füreinander zu arbeiten, d.h. es geht ihm um die Menschen und nicht darum, eine Veränderung durchzudrücken und die Betroffenen ihrem Schicksal zu überlassen, getreu dem Motto: Friss oder stirb!

Exkurs: Vermischung von Gefühlen und deren Folgen

Was in Change-Prozessen oftmals passiert, ist nicht nur, dass die Mitarbeiter Gefühle aus Angst um ihren Job lieber herunterschlucken. Vielfach werden Gefühle auch vermischt. Das bedeutet, es entsteht in den Menschen ein regelrechter Gefühlskloß, weil z. B. Wut, Traurigkeit und Angst unbewusst gleichzeitig gefühlt werden und zu Verwirrung und Lähmung führen. Solch eine Vermischung kann nach relativ kurzer Zeit bereits zu Frustration, Versagensängsten, Depressionen oder Verzweiflung führen und letztendlich sogar im Burnout enden.

Gefühle miteinander zu vermischen ist in etwa so als würde man Milch und Kuhmist miteinander vermischen. Beides getrennt voneinander hat seinen Nutzen. Wenn Sie beides jedoch miteinander vermischen, erhalten Sie nichts weiter als eine gelblich-braune, schleimige Brühe. Das gilt gleichermaßen für die Vermischung von Gefühlen. Wenn Sie Gefühle miteinander vermischen, erhalten Sie einen klebrigen Gefühlsschleim, der Sie unbeweglich macht und verhindert, dass Sie die klare Information und Energie jedes einzelnen der vier Grundgefühle nutzen können.

Die *Landkarte der Vermischung von Gefühlen* zeigt, was entstehen kann, wenn Gefühle miteinander vermischt werden.

Vermischen Sie Wut und Traurigkeit miteinander, kann daraus Depression entstehen. Auch wenn es sicherlich einige Arten von Depression gibt, die genetisch bedingt sind, so sind doch zahlreiche Fälle auf eine Vermischung von Wut und Traurigkeit zurückzuführen und die fehlende Klarheit darüber, wie man bewusst diese Gefühle trennen und einzeln ausdrücken kann. Depressive Menschen fühlen sich einerseits hoffnungslos und sehen keinen Ausweg, auf der anderen Seite empfinden sie einen enormen Druck, etwas zu tun. Sie stehen also auf Gas und Bremse gleichzeitig, was auch eine Folge von Arbeitsüberlastung sein kann. Je nachdem, in welcher Gewichtung Sie diese beiden Gefühle miteinander mischen, kann sich z. B. auch Hilflosigkeit oder Frustration einstellen.

Eine Vermischung von Traurigkeit und Angst ergibt das Gefühl der Isolation. In diesem Zustand möchte die Person niemanden sehen, zieht sich komplett zurück und will sich vergraben. Dies können in einem Unternehmen z. B. auch Eigenbrötler sein, die den Kontakt zu Kollegen vermeiden und sich dadurch selbst ausgrenzen. Auch hier können – je nachdem, ob mehr Traurigkeit oder mehr Angst vorhanden ist – Zustände wie Ohnmacht oder Verzweiflung entstehen.

Eine Vermischung von Freude und Angst führt zu Leichtsinn oder Übermut. Adrenalin-Junkies vermischen gerne Angst und Freude, sei es z. B. beim Achterbahnfahren, beim Schnellfahren mit dem Auto, beim Bungee-Jumping oder beim Zocken an der Börse. Im Job könnte diese Vermischung passieren, wenn ein Mitarbeiter befördert wird und gleichzeitig voller Freude und Angst über die neue Herausforderung ist. Das führt oft dazu, dass sich die Person dann überfordert, weil sie gerne dieses berauschende Gefühl, diesen Kick, auskosten möchte.

Eine Vermischung von Wut und Freude ist die sogenannte Schadenfreude. Diese tritt auf, wenn sich jemand freut, wenn ein anderer Schaden nimmt oder Schmerzen hat. In Firmen ist Schadenfreude recht häufig zu finden, z. B. wenn sich jemand freut, dass ein anderer die Beförderung nicht erhalten hat oder in einem Meeting vor versammelter Mannschaft einen Fehler macht. Schadenfreude kann stumm sein, also nur innerlich ablaufen oder ganz offensichtlich ausgespielt werden durch spöttisches Gelächter. Schadenfreude ist oftmals auch der Nährboden für Intrigen und Mobbing im Job.

Eine Vermischung von Wut und Angst ergibt Hysterie, ein Gefühl, das in unterschiedlichster Ausprägung ebenfalls häufig bei Mitarbeitern vorkommt. Denken Sie nur an Besprechungen, in denen plötzlich jemand laut wird, weil ein Kollege Fakten liefert, die die eigene Position hinfällig werden lassen. Hysterie muss dabei nicht immer in schrillem Kreischen enden, wie es Frauen sehr gerne nachgesagt wird, doch ist diese Vermischung meist sehr gut am Tonfall erkennbar. Hysterie kann sich bei Männern z. B. durch einen gewissen panischen Ton bemerkbar machen, während man ihnen ansieht, dass sie innerlich vor Wut kochen.

Die Vermischung von Freude und Traurigkeit kann als Sentimentalität, Melancholie oder Nostalgie beschrieben werden. Dies kann in Unternehmen u. a. im Rahmen eines Change Management Projektes auftreten. Wenn beispielsweise vier Kollegen lange ein Büro geteilt haben und aufgrund einer Umstrukturierung nun in neue Büros aufgeteilt werden, so kann zum einen Freude bei den Betroffenen da sein, dass sie in ein neues Büro ziehen. Andererseits kann aber auch zeitgleich Traurigkeit auftauchen, dass sie nicht mehr in der gewohnten Konstellation zusammensitzen.

Nun kommt die Steigerung: die Vermischung von drei Gefühlen (z. B. Wut, Traurigkeit und Angst) führt z. B. zu Eifersucht, Neid, Scham oder Schuld. Dabei können die Zusammensetzungen der jeweiligen Gefühle individuell recht unterschiedlich sein (z. B. 35% Wut, 40% Angst, 25% Traurigkeit). Sie können zudem über ein und dieselbe Sache wütend, ängstlich und traurig sein.

LANDKARTE DER VERMISCHUNG VON GEFÜHLEN

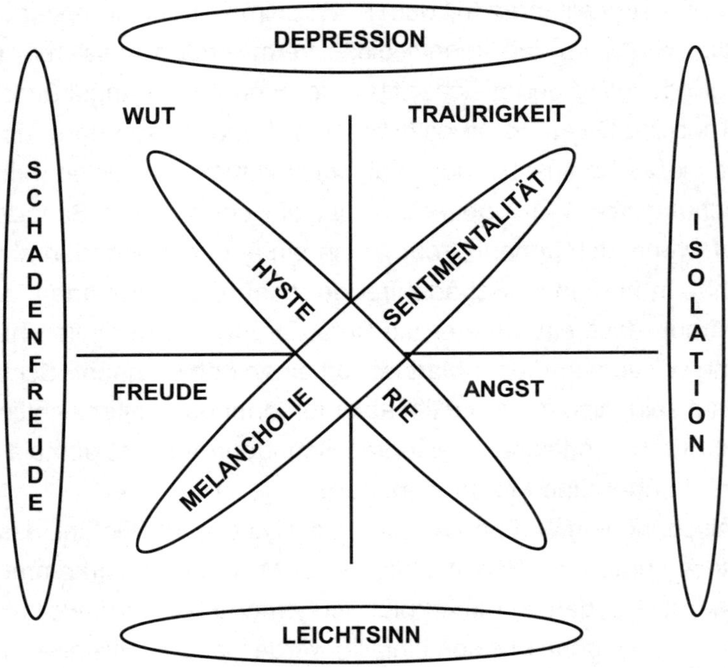

3 vermischte Gefühle führen zu Eifersucht, Habgier, Neid, Schuld oder Scham.

4 vermischte Gefühle führen zum BURNOUT oder psychologischen Zusammenbruch.

Landkarte 24: Vermischung von Gefühlen

Wenn Sie alle vier Gefühle über einen längeren Zeitraum miteinander vermischen, dann kann es zum Burnout oder Nervenzusammenbruch kommen. Ein Beispiel: Ein Mitarbeiter ist wütend, weil er immer mehr Arbeit auf den Tisch bekommt und jeden Tag bis 20 Uhr im Büro sitzt. Er hat gleichzeitig Angst, weil er befürchtet, die Arbeitslast nicht termingerecht bewältigen zu können. Er ist traurig, weil er kaum noch Zeit für seine Familie hat. Stellt sich die Frage, wie

Freude in diese Vermischung noch hineinspielt. Nun, ein Burnout Kandidat kann z. B. ein Workaholic sein, der unbewusst Freude empfindet, wenn er wieder eine Aufgabe fertigbekommen hat. Oder er fühlt sich froh, weil er in sechs Monaten für zwei Wochen mit seiner Frau in den Urlaub fährt. Die Auslöser für die vier Gefühle können ganz unterschiedlicher Natur sein.

Fakt ist, dass beim Burnout diese vier verschiedenen Gefühle über einen längeren Zeitraum vermischt werden. Der Vorbote von Burnout ist wie gesagt Stress. Damit fängt es meistens an. Da es in der Regel als nicht angemessen angesehen wird, Gefühle zu zeigen, drücken viele Menschen ihre Gefühle weg, um ein professionelles und seriöses Bild abzugeben.

Und noch einmal: Die Vermischung von Gefühlen ist nicht gut und nicht schlecht. Sie produziert lediglich bestimmte Ergebnisse. Wenn Sie Gefühle vermischen, dann ist das wie ein Gefühlsschleim, der sich innerlich zu einem Kloß formt und Sie träge und energielos macht. Sie sind dann nicht mehr im Fluss, sind geistig und physisch nicht mehr so beweglich.

Edgeworker haben absolute Klarheit über ihre Gefühle und die Tatsache, was passiert, wenn Gefühle nicht kommuniziert und klar voneinander getrennt werden. Sie nutzen die Energie und Information ihrer klar getrennten Gefühle bewusst und ermutigen ihre Teammitglieder selbiges zu tun. *Edgeworker* bieten ein sicheres Umfeld, damit dies möglich wird.

Kapitel 7:

Edgeworker sind zentrierte Raumhalter

Wie in *Kapitel 6: Edgeworker nutzen bewusst und verantwortlich ihre Gefühle* dargestellt, ist der Zugang zu den Gefühlen für den *Edgeworker* von immenser Bedeutung. Voraussetzung dafür ist allerdings, dass er im Hier und Jetzt präsent ist. Was heißt das genau?

Angepasstes Verhalten versus Zentriert sein

Jeder Mensch hat ein physisches Zentrum und ein sogenanntes energetisches *Seins-Zentrum*. Das physische Zentrum befindet sich in der Körpermitte, zwischen den Hüftknochen, ungefähr auf Höhe der Gürtelschnalle. Es handelt sich um den Punkt, an dem Ihr Körper in Bezug auf die Statik ausbalanciert ist. So wie jede Waage einen Punkt hat, an dem die Waagschalen austariert sind, hat der menschliche Körper auch dieses Balance-Zentrum. Dieses physische Zentrum bleibt immer an derselben Stelle und ist unbeweglich. Im Gegensatz dazu ist Ihr Seins-Zentrum beweglich und kann durch Ihre Aufmerksamkeit und Intention gesteuert werden. Es ist das Zentrum des energetischen Körpers und nimmt seinen Ursprung etwa in der Größe einer Grapefruit, kann aber im Laufe des Lebens durch persönliche Entwicklung größer werden. Wenn Sie nicht gerade eine Kampfsportart ausüben oder Yoga praktizieren, haben Sie, wie auch der Großteil Ihrer Mitmenschen, wahrscheinlich noch nie davon gehört. Dies führt dazu, dass Sie mit Ihrem Seins-Zentrum in der Regel unbewusst agieren. Was denken Sie, in welchem Körperteil sich Ihr Seins-Zentrum überwiegend befindet, wenn Sie keine Bewusstheit darüber haben? Im Kopf! Die meisten Menschen denken ständig darüber nach, was sie noch erledigen müssen, welche Termine sie haben, was sie abends kochen oder wen sie noch anrufen müssen. Oder sie denken darüber nach, warum die Präsentation gestern nicht geklappt hat oder das Gespräch mit Herrn Müller so negativ verlaufen ist und so weiter. Ihr Seins-Zentrum in Ihren Verstand zu legen ist ebenfalls eine wunderbare Methode, um nicht zu fühlen, d.h. Ihre Taubheitsschwelle hochzuhalten. Getreu dem Motto *„Ich denke, also bin ich"* sind die meisten Menschen überwiegend in ihrem Kopf zuhause und identifizieren sich mit ihrem Verstand. (Überlegen Sie einmal: Dieses Zitat von Descartes begleitet die Menschheit bereits seit 200 Jahren und ist seither Maxime ihres Handelns.)

Was Menschen oft unbewusst mit ihrem Seins-Zentrum tun, zeigt der obere Bereich der *Landkarte des angepassten Verhaltens versus Zentriert sein*: Sie geben ihr Zentrum und damit ihre Autorität und ihre Kraft ab und zwar bevorzugt an sogenannte Autoritätspersonen. Dies hat einen guten Grund. Was ist der Vorteil, wenn Sie Ihr Zentrum an eine andere Person abgeben? Richtig, Sie müssen keine Verantwortung übernehmen, der andere kümmert sich um Sie und um die Probleme, Sie müssen keine Entscheidungen treffen und Sie sind nicht schuld, wenn etwas schief geht. Kurz gesagt: Sie fühlen sich sicher! Vielleicht haben Sie es schon einmal erlebt, dass Mitarbeiter erschrocken alles stehen und liegen lassen, sobald der Vorstand zur Tür hereinkommt. In dem Moment geben die Mitarbeiter ihr Zentrum an die Vorstands-Autorität ab. Das Zentrum abzugeben bedeutet, sich vollkommen angepasst zu verhalten.

Warum sollte aber auf der anderen Seite eine Autoritätsperson Ihr Zentrum überhaupt haben wollen? Welchen Nutzen hätte sie davon? Nun, auch diese Person würde sich sicher fühlen, weil Sie ihr nicht mehr gefährlich werden können und manipulierbar sind. Kommt Ihnen das bekannt vor? Auf diesem Mechanismus beruhen in der Regel die hierarchischen Strukturen in Unternehmen. Dabei können jedoch zwei Arten von Autoritätspersonen unterschieden werden: einerseits sogenannte Gremlin-Führer und andererseits verantwortliche Führungskräfte. Die Gremlin-Führer ziehen den oben beschriebenen Nutzen daraus, dass andere Menschen ihnen ihr Zentrum geben. Ihre Führungsstrategie basiert auf dem Ausüben von Macht. Sie erschaffen sich ein Team von angepassten, JA-sagenden Anhängern, die ihnen nicht gefährlich werden können. Dadurch fühlen auch sie sich sicher. Dabei ist den wenigsten Mitarbeitern bewusst, dass diese Führungsstrategie auf Angst basiert – Angst vor Kontrollverlust, Angst davor, in Frage gestellt zu werden, Angst, kritisiert zu werden oder Fehler zu machen und auch Angst davor, in der Hierarchie überholt zu werden. Die Absicht eines Gremlin-Führers ist es, andere Menschen klein zu halten. Wie viele von Ihnen haben diese Art von Vorgesetzten schon erlebt oder – und jetzt wird's ungemütlich – haben selbst schon diese Art der Führungsstrategie praktiziert? Sie kennen das möglicherweise: Ober sticht Unter.

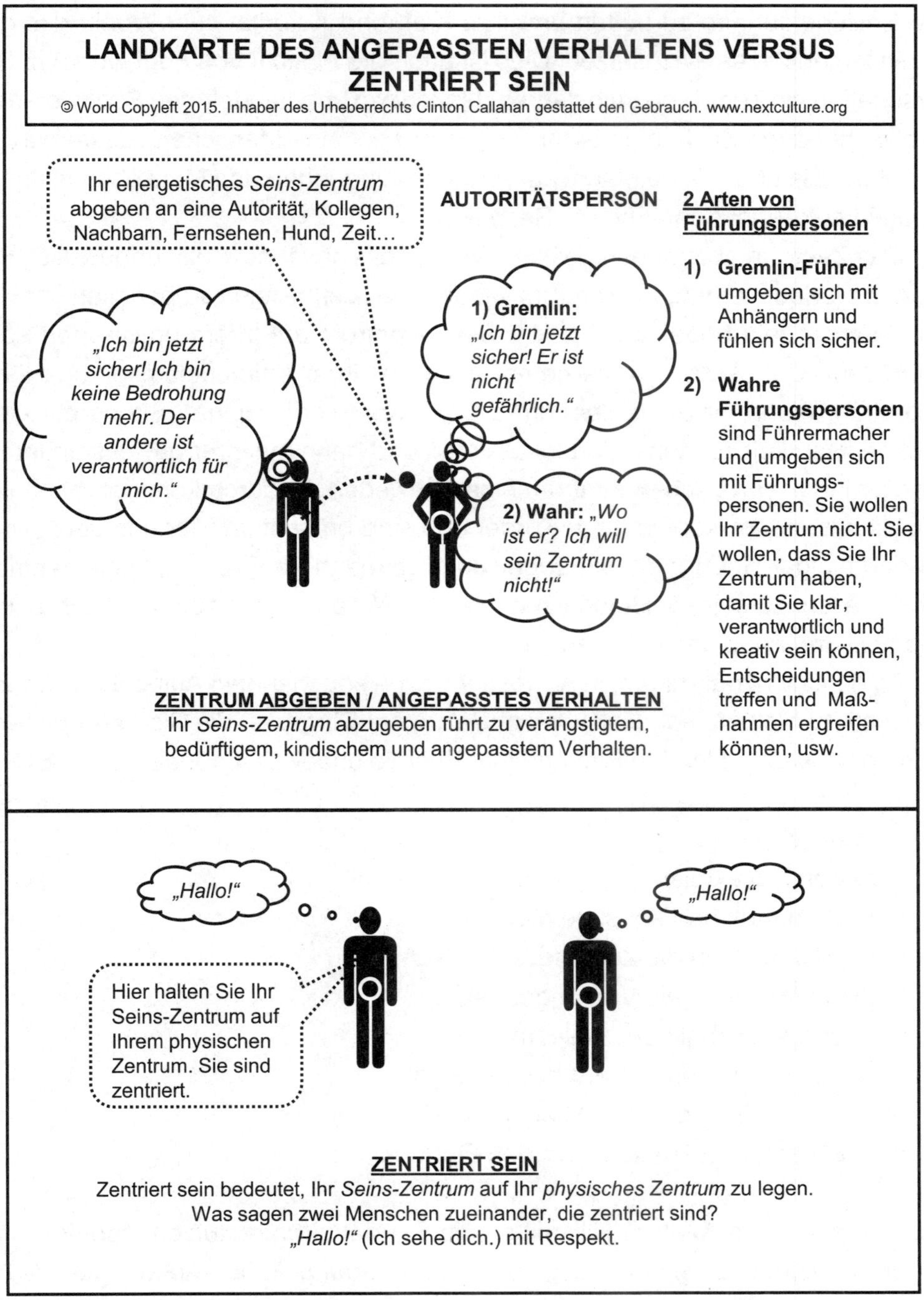

Landkarte 25: Angepasstes Verhalten versus Zentriert sein

Eine echte und verantwortliche Führungsperson würde hingegen Ihr Zentrum nicht annehmen. Stattdessen würde sie wollen, dass Sie in der Lage sind, eigene Entscheidungen zu treffen und Ihre Kraft und Autorität zum Wohle des gemeinsamen Zieles einzusetzen. Dies ist auch die Absicht von *Edgeworkern.* Sie erschaffen ein Team von selbständig denkenden und handelnden *Edgeworkern*. Vielleicht hatten Sie ja bereits das Glück, mit solchen Menschen zusammenzuarbeiten. Sie üben keine Macht aus, sondern begegnen den Menschen in ihrem Umfeld auf Augenhöhe und mit Respekt.

Das Zentrum abzugeben passiert, wie bereits erwähnt, meist unbewusst. Sie können jedoch lernen, Ihr Zentrum wieder bewusst bei sich zu behalten.

Zentriert sein bedeutet, dass Ihr Seins-Zentrum auf Ihrem physischen Zentrum liegt. Um es dort zu platzieren, bedarf es Ihrer Aufmerksamkeit und Ihrer Intention. Wenn Ihr Seins-Zentrum z. B. im Kopf liegt, können Sie es mit Ihrer Aufmerksamkeit zunächst dort lokalisieren und dann mit Ihrer bewussten Intention zu Ihrem physischen Zentrum hinab bewegen. Dadurch kommen Sie automatisch aus dem Kopf in Ihren Körper und sind präsent im Hier und Jetzt. Dies bedarf einiger Übung, die ein *Edgeworker* gerne in Kauf nimmt. Denn zentriert und präsent zu sein, heißt jederzeit – auch inmitten von Chaos und Umbruch – kraftvoll und handlungsfähig zu sein.

Es geht nicht nur darum, in Anwesenheit von sogenannten Autoritätspersonen zentriert zu bleiben, sondern auch in Bezug auf Dinge, an die Sie Ihre Aufmerksamkeit und damit Ihr Zentrum und Ihre Energie unbewusst abgeben, wie z. B.:

- an die Zeit,
- an den Projektplan,
- an Ihr Handy und sonstige Medien,
- an Gedanken in die Zukunft,
- an Gedanken in die Vergangenheit,
- an den Ausschnitt der Kollegin,
- an den knackigen Hintern des Kollegen,
- an den Kaffee oder die Mittagspause,
- an Klatsch und Tratsch über den Flurfunk.

Es gibt noch zwei weitere Hilfsmittel, die Sie dabei unterstützen, zentriert und stabil zu bleiben. Zum einen das sogenannte *Erdungskabel*. Auf die gleiche Art wie Sie mit Ihrer Absicht Ihr Seins-Zentrum auf Ihr physisches Zentrum legen, können Sie mit Ihrer Absicht ein energetisches Kabel deklarieren, welches von der Mitte Ihres physischen Zentrums bis zum Erdmittelpunkt reicht. Dieses Erdungskabel hat den Durchmesser eines Taus und ist vom Material her flexibel genug, damit Sie sich normal bewegen können. Machen Sie doch einmal das folgende Experiment: Schnippen Sie einmal mit den Fingern und deklarieren Sie dadurch die Existenz eines Erdungskabels. Welche Farbe hat es? Aus welchem Material ist es? Wie fühlt es sich an mit Erdungskabel? Dann schnippen Sie es wieder weg. Spüren Sie den Unterschied?

Das zweite Hilfsmittel ist Ihr persönlicher Raum. Diesen können Sie sich in Form einer riesigen transparenten Blase vorstellen, die ähnlich einer Seifenblase Ihren Körper komplett umgibt. Machen Sie wieder das gleiche Experiment. Schnippen Sie einmal mit den Fingern und lassen Sie in dem Moment Ihren persönlichen Raum, Ihre Blase, entstehen. Ertasten Sie sie mit Ihren Händen von innen. Spüren Sie Ihren persönlichen Raum. Innerhalb dieses Raumes befindet sich Ihre eigene persönliche Energie. Außerhalb dieses Raumes befinden sich die Energien aller anderen Menschen. Es könnte gut sein, dass dies das erste Mal in Ihrem Leben ist, dass Sie diesen persönlichen Raum haben und ihn bewusst wahrnehmen. In der Schule oder im Studium wird nichts dergleichen vermittelt. Wie fühlt es sich damit an? Schnippen Sie ihn wieder weg. Spüren Sie den Unterschied?

Deklarieren Sie in einem weiteren Schritt nun alle drei Komponenten auf einmal. Schnipp – Zentrum, Erdungskabel, persönlicher Raum. Das ist die Grundposition eines *Edgeworkers*, von der aus er sich – selbst im größten Chaos – zentriert und flexibel überallhin bewegen kann und Zugang zu seinen Gefühlen hat. All dies erreicht der *Edgeworker* allein mit seiner Absicht und seiner Aufmerksamkeit.

Raumhalten

Ein *Edgeworker* ist sich darüber bewusst, dass seine Energie dorthin fließt, worauf er seine Aufmerksamkeit und sein Zentrum legt. Das ist auch der Grund, warum manche Menschen oder die Medien versuchen, Ihre Aufmerksamkeit zu bekommen, denn mit der Aufmerksamkeit bekommen sie Ihre Energie (und damit oftmals auch Ihre Geldbörse). Ein *Edgeworker* geht bewusst mit seiner Aufmerksamkeit um, da er seine Energie und seine Kraft für die Realisierung der gemeinsamen Vision benötigt. Er ist in jedem Moment präsent im Hier und Jetzt, um genau zu wissen, was der nächste Schritt in Richtung dieser Vision ist.

Dadurch werden *Edgeworker* zu bewussten *Raumhaltern* für die Vision. Gewöhnliche Manager können ebenfalls eine Vision haben, doch die Art, wie sie Mitarbeiter zu dieser Vision führen – wenn sie denn führen – geschieht in der

Regel durch die Vorgabe von Zielen und Aufgaben. *Edgeworker* hingegen führen durch das Halten eines Kontextes, in welchem die gemeinsame Vision Gestalt annehmen kann. Das bedeutet, dass die hellen Prinzipien (z. B. Inspiration, Gemeinschaft, Innovation, Kreativität, Wertschätzung, Klarheit, Disziplin, o. ä.), welche diese Vision tragen, im Team wirken können, ohne dass der *Edgeworker* vorgeben muss, was zu tun ist und wie es zu tun ist. Vielmehr arbeitet das gesamte Team als lebendiger Organismus im Dienste der Vision, für die der *Edgeworker* lediglich einen sicheren Rahmen zur Verfügung stellt.

Deshalb ist die Arbeit eines *Edgeworkers* auch nicht anstrengend wie die eines Managers, weil er lediglich verantwortlich den Raum hält, in welchem helle Prinzipien wirken und das Team seine Kreativität entfalten kann. Dies bedeutet, dass die hellen Prinzipien durch seine Präsenz im Team ihre Wirkung entfalten, wenn der *Edgeworker* einen Teil seiner Aufmerksamkeit darauflegt. In der Folge ist ein *Edgeworker* nicht auf sein Wissen reduziert und muss deshalb auch nicht mehr alles besser wissen und können als sein Team. Stattdessen ist seine Fähigkeit, für den Kontext und entsprechende helle Prinzipien Raum zu halten, der entscheidende Faktor. Diese Art des Sich-zur-Verfügung-Stellens ist wesentlich weniger energieaufwändig als die gewöhnliche Managertätigkeit.

Vielleicht bekommen Sie jetzt langsam ein Gespür dafür, was Raumhalten bedeutet. Es handelt sich dabei sicherlich um ein Thema, das weit außerhalb des gewöhnlichen Businesskontextes liegt, was dazu führen könnte, dass sich die Ausführungen für den einen oder anderen Leser seltsam anhören. Es handelt sich jedoch um eine natürliche, in jedem Menschen angelegte Fähigkeit, welcher in gewöhnlichen Ausbildungsprogrammen keine Beachtung geschenkt wird und welche dadurch brach liegt.

Hier ein einfaches Beispiel für die Anwendung dieser Fähigkeit. Dadurch, dass ein Raumhalter darauf achtet, dass z. B. die Regeln von Brainstorming während eines Meetings eingehalten werden, entsteht ein Raum, in dem bestimmte Dinge möglich sind, z. B. Kreativität, Teamwork, Wachstum, Qualität. Ist dies nicht der Fall, ist die Wahrscheinlichkeit groß, dass das Meeting gewöhnlich abläuft und innovative oder womöglich verrückte Vorschläge in der Regel sofort zunichte gemacht werden durch Einwände wie: „Das geht nicht, weil…“, „Wie soll das denn funktionieren?“, „Das kostet zu viel Geld/Zeit.“ etc.

Wie die *Landkarte des Raumhaltens für ein Team / Projekt* im Detail zeigt, bedeutet Raumhalten konkret, dass Sie innerhalb eines physischen Raumes einen sogenannten energetischen Raum deklarieren. Dies tun Sie ebenfalls mit Ihrer Aufmerksamkeit und Absicht. Der energetische Raum kann dabei die Form des physischen Raumes annehmen. Schauen Sie sich beispielsweise jetzt konkret in dem Raum um, in dem Sie sitzen. Nehmen Sie die acht Eckpunkte des Raumes (vorausgesetzt, es ist ein rechteckiger Raum) wahr – vier oben und vier unten.

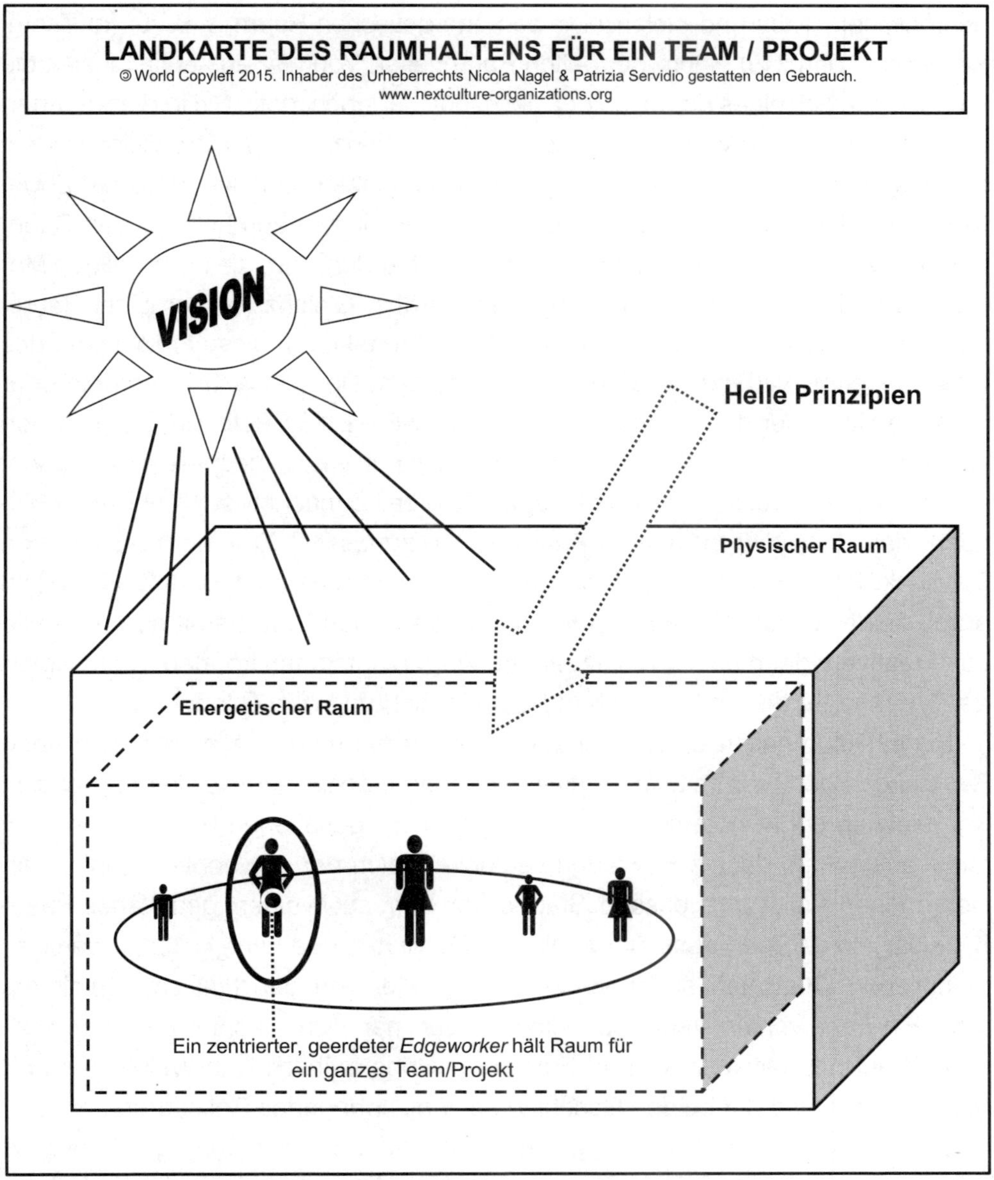

Landkarte 26: Raumhalten für ein Team / Projekt

Deklarieren Sie mit einer physischen Bewegung, z. B. einem Fingerschnipp, innerhalb dieses physischen Raumes einen energetischen Raum, der die gleiche Form und Größe hat. Halten Sie Ihre Aufmerksamkeit auf diesen energetischen Raum gerichtet. Sie sind nun Raumhalter für diesen energetischen Raum und alles, was sich darin befindet. Sie halten einerseits den Raum für sich selbst in Form Ihrer persönlichen Blase und gleichzeitig den energetischen Raum, z. B. für Ihr Team. Sie werden damit zu einem doppelten Raumhalter. Von hier aus entfaltet sich die komplette Arbeit eines *Edgeworkers*. Jetzt fehlt nur noch, dass Sie in diesem energetischen Raum Ihre Vision oder bestimmte helle Prinzipien, die Ihre Vision tragen, deklarieren. Und schon kann es losgehen. Raumhalten bedeutet, dass der *Edgeworker* – oder ein anderer ernannter und ermächtigter Raumhalter – den Raum dorthin *navigiert*, wo diejenigen Ressourcen vorhanden sind, die im jeweiligen Moment für die Arbeit des Teams gebraucht werden. Gleichzeitig sorgt der Raumhalter dafür, dass keine inneren oder äußeren Störfaktoren diese Freisetzung des Gruppengenius verhindern können. Er nimmt zum Beispiel wahr, wenn ein oder mehrere Mitglieder des Teams ein ICH GEWINNE – DU VERLIERST Spiel spielen und legt es im Team offen, so dass es nicht mehr unbewusst gespielt werden kann.

Um an dem Beispiel von oben anzuknüpfen: Zunächst ist es vielleicht hilfreich, das Prinzip Kreativität im Raum walten zu lassen. Zu einem bestimmten Zeitpunkt könnte es dann jedoch notwendig sein, dass der Raumhalter allein durch seine Absicht das Prinzip Klarheit in den Raum ruft, damit aus der Fülle von kreativen Ideen auch umsetzbare Lösungen entstehen können. So navigiert der Raumhalter den energetischen Raum in Richtung der Vision.

Klares Raumhalten ermöglicht zudem, dass die männlichen und weiblichen Ressourcen der Teammitglieder gleichermaßen erschlossen werden und sich in Kombination sogar potenzieren können. In einem gehaltenen Raum ist es nicht mehr notwendig, dass z. B. Frauen versuchen, sich der gewohnten männlichen Herangehensweise anzupassen. Stattdessen herrscht in einem gehaltenen Raum Bewusstsein darüber, dass die weiblichen Qualitäten und Fähigkeiten neben den männlichen Qualitäten ein unabdingbarer Faktor von ganzheitlicher Evolution sind. Ein *Edgeworker* – egal ob weiblich oder männlich – achtet auf Authentizität und auf das Miteinander und Füreinander des archetypisch Weiblichen und Männlichen – also der beiden Geschlechter innewohnenden Ressourcen.

Um einen Raum effektiv navigieren zu können, in dem Außergewöhnliches möglich ist, muss der *Edgeworker* zusätzlich in der Lage sein, auf eine Art und Weise mit dem Menschen in seinem Umfeld zu kommunizieren, die über das Gewöhnliche hinausgeht.

Kapitel 8:

Edgeworker kommunizieren beziehungsfördernd

Mittlerweile ist in den meisten Unternehmen bekannt, dass Kommunikation einen der Schlüsselfaktoren für die erfolgreiche Zusammenarbeit innerhalb der Organisation, aber auch mit Kunden, Dienstleistern und Partnern darstellt. Unternehmen geben Tausende von Euro jährlich dafür aus, mittels interner und externer Maßnahmen ihre Führungskräfte und Mitarbeiter in Bezug auf ihre Kommunikationsleistung zu trainieren und fit zu machen. Angesichts der Tatsache, dass Kommunikationsfähigkeiten weder während der normalen Schul- und Studienzeit, noch in den meisten Ausbildungswegen auf dem Lehrplan stehen, hat sich die Unternehmenswelt dahingehend in den letzten Jahrzehnten wirklich entwickelt.

Trotz vieler Kommunikationstrainings ist die Kommunikation in Unternehmen heutzutage dennoch von gewöhnlichen und unverantwortlichen Mustern geprägt, so dass außergewöhnliche – also beziehungsfördernde – Kommunikation so gut wie gar nicht stattfindet. Dies liegt zum einen daran, dass Kommunikationstrainings in der Regel Methoden vermitteln, die dann im gewöhnlichen Kontext angewendet werden und daran scheitern. Die Intention dieser Kommunikationsmethoden unterliegt demselben Paradigma, wie die Wirtschaft selbst: unendliches Wachstum durch optimale Kommunikation. Da aber z. B. Gefühle, wie bereits dargestellt, in der Businesswelt nicht in Ordnung sind, bleiben die erlernten Kommunikationswerkzeuge in der Umsetzung oft inauthentisch und unglaubwürdig, da sie nicht mit dem inneren Erleben des Kommunizierenden verknüpft sind. Empathie, gutes Zuhören und konstruktive Kommunikation gehören zwar theoretisch zu den Fähigkeiten einer guten Führungskraft, da diese aber als Teil des Unternehmens den Zwängen des Wettbewerbs und den Regeln des Spiels ICH GEWINNE – DU VERLIERST unterliegt, kann sie diese Fähigkeiten nur insoweit zur Geltung bringen, wie es dem Unternehmenszweck dienlich ist.

So werden allgemeine Kommunikationsgrundsätze und Kommunikationswege im Unternehmen ausgerufen, und Führungskräfte werden durch vorgegebene Strukturen, wie das allgegenwärtige Mitarbeiter-Jahresgespräch, dazu gezwungen, regelmäßig (also mindestens einmal pro Jahr) mit Mitarbeitern die Zielerreichung abzugleichen und neue Ziele zu vereinbaren. So verkommt die Kommunikation zwischen Führungskraft und Mitarbeitern – gerade in großen Unternehmen – oft zu einer von außen vorgegebenen Standardprozedur, an der sich beide Parteien widerwillig beteiligen, weil sie eben müssen. In den seltensten Fällen geht es dabei um das Erzeugen und Fördern einer tragfähigen Beziehung zwischen Führungskraft und Mitarbeiter. Es geht stattdessen eher darum, dass die Führungskraft den Mitarbeiter langfristig dazu bringt, das zu tun, was von ihm erwartet wird. Das Interagieren in den jeweiligen Rollen mitsamt den dazugehörigen Rollenerwartungen führt ebenfalls zu fehlender Authentizität in der Kommunikation.

Eine weitere Ursache für diese Problematik liegt darin, dass außergewöhnliche Kommunikationsmöglichkeiten wenig bekannt sind. Wissen Sie zum Beispiel, dass es vier Arten des Zuhörens und sechs Arten des Sprechens gibt, oder was eine Vollendungsschleife und sogenannte Straßensperren in der Kommunikation sind? Diese Aspekte verdienen es, ausführlich behandelt zu werden, da sie essentielle Fertigkeiten eines *Edgeworkers* darstellen.

Die vier Arten des Zuhörens

1) Normales neurotisches Zuhören

Bei dieser Art des Zuhörens hört der Zuhörer für sich selbst zu. Es ist ein ichbezogenes Verhalten und es besteht fast keine Verbindung zwischen dem Sprecher und dem Zuhörer. Der Zuhörer lässt nicht zu, dass die gesprochenen Worte ihn überhaupt erreichen. Stattdessen versucht der Zuhörer so schnell wie möglich zu seinen Themen zu wechseln, um sich in den Mittelpunkt stellen zu können: „Stell dir vor …". „Ja, aber ich …". „Warte, das muss ich dir erst erzählen …". „Wie spät ist es eigentlich?" Oder er ignoriert den Sprecher regelrecht, indem er sich mit anderen Dingen beschäftigt: Er schaut auf die Uhr oder aus dem Fenster, hantiert mit seinem Smartphone oder arbeitet an seinem Laptop weiter, während der Sprecher neben ihm steht und ihm etwas mitteilen möchte.

Neurotisches Zuhören findet nicht nur in Persona statt, sondern gerne auch am Telefon. Wie oft haben Sie zum Beispiel einen Anruf entgegengenommen und während die andere Person Ihnen etwas mitteilte, gleichzeitig eine E-Mail an einen Kollegen geschrieben, neue Nachrichten auf Ihrem Smartphone abgerufen, nach Akten in Ihrem Schreibtisch gesucht oder sich überlegt, was Sie noch alles erledigen müssen? Das ist neurotisches Zuhören. Sie merken schon, diese Art des Zuhörens ist geradezu normal. Tatsache ist jedoch, dass Sie mit Ihrer Aufmerksamkeit nicht voll bei dem Sprecher und der Unterhaltung sind, wenn Sie neurotisch zuhören.

Vielleicht haben Sie es auch schon umgekehrt erlebt, nämlich, dass Sie einer Person etwas mitteilen wollten und diese Person überhaupt nicht zugehört hat. Während Sie ihr gegenübersaßen, hat sie stattdessen permanent auf das Smartphone oder die Uhr geschaut oder einfach in ihren Unterlagen auf dem Schreibtisch gekramt. Wie fühlt sich das an? Sollte in solch einem Moment ein wenig Wut in Ihnen aufsteigen, könnten Sie diese nutzen, um dem Zuhörer direkt eine freundliche Grenze zu setzen und so etwas zu sagen wie: „Es ist mir wirklich wichtig. Kann ich kurz Ihre Aufmerksamkeit haben?“ Oder: „Ich merke, Sie sind gerade mit etwas anderem beschäftigt. Wann passt es Ihnen besser?“

Diese Art des Zuhörens ist recht verbreitet und produziert bestimmte Resultate. Sie fördert in keinem Fall die Beziehung zwischen Sprecher und Zuhörer – im Gegenteil – sie wirkt trennend und kann für den Zuhörer schmerzhaft sein. Manchmal kann es jedoch durchaus sinnvoll sein, sie bewusst einzusetzen, z. B. wenn Sie einem Kollegen oder Mitarbeiter, der gerne und viel redet, bereits eine Grenze in der Form gesetzt haben, dass Sie für seine Ausführungen gerade keine Zeit haben, weil Sie etwas Wichtiges fertigstellen müssen. Wenn der Kollege dann trotzdem weiter auf Sie einredet und Sie ihn nicht zum Aufhören bewegen können, kann normal neurotisches Zuhören sehr nützlich sein. Zumindest können Sie dann an Ihrer Aufgabe weiterarbeiten.

Wenn Sie jedoch gemeinschaftlich und beziehungsfördernd mit einer anderen Person sprechen möchten, ist die zweite Art des Zuhörens angemessener.

2) Erwachsenes Zuhören

Diese Art des Zuhörens geschieht für beide (für uns). Dem Zuhörer ist es wichtig, zu verstehen, was der andere sagt, und es ist Teil einer erwachsenen Konversation. Erwachsenes Zuhören hat bestimmte Merkmale, wie z. B.:

- Augenkontakt
- Offene Körperhaltung

- Aktives Zuhören
- Wiederholen
- Bestätigen
- Anerkennen
- Fragen stellen
- Versuchen, zu verstehen
- Vollendungsschleifen (siehe Kapitel *Kommunikation und Vollendungsschleife*)

Der Zuhörer hört aufmerksam zu und wiederholt das Gesagte, stellt Fragen oder reagiert in anderer Weise auf das, was der Sprecher sagt. Beim erwachsenen Zuhören können Sie Türöffner verwenden, mit denen Sie Interesse an dem ausdrücken, was die andere Person denkt und fühlt. Türöffner geben der anderen Person zu verstehen, dass Sie wirklich hören wollen, was sie zu sagen hat. Türöffner können einfach sein, wie z. B.: „Oh. Hmmm. Ich verstehe. Interessant. Wirklich? Wow. Ja. Aha."

Türöffner können auch ausführlicher sein, wie z. B.:

„Erzählen Sie mir davon.", „Können Sie mehr dazu sagen?", „Ich bin an Ihrer Sichtweise dazu interessiert.", „Was passierte dann?", „Erzählen Sie mir die ganze Geschichte.", „Erzählen Sie weiter, ich höre Ihnen zu." oder „Es hört sich an, als sei es Ihnen wichtig."

Können Sie sich vorstellen, dass ein Mitarbeitergespräch auf diese Art komplett anders abläuft? Auch wenn Sie auf diese Weise mit Ihrem Kunden zusammen sind, ergeben sich völlig neue Möglichkeiten. Wenn einfache oder ausführliche Türöffner kein häufiger Teil Ihrer Sprechmuster sind, können Sie sich einfach die Worte und Phrasen merken und sie bewusst einsetzen. Das Üben von erwachsenem Zuhören unter Einbeziehung von Türöffnern wird sich anfangs unbeholfen und sogar künstlich anfühlen, so als ob Sie eine Rolle aus einem Drehbuch nachspielen würden. Mit etwas Übung können Sie sich jedoch diese neue Kommunikationsweise zu eigen machen. Die Mühe wird sich lohnen.

Das Zuhören ist beim erwachsenen Zuhören allerdings auf das begrenzt, was der Zuhörer verstehen kann. Eine Falle bei dieser Art des Zuhörens kann das Fragenstellen oder Wiederholen darstellen, denn dadurch kann der Zuhörer geschickt und unbewusst das Gespräch dahingehend manipulieren, dass letztendlich über ein Thema gesprochen wird, das ihn selbst interessiert.

3) Möglichkeits-Zuhören

Eine Art des Zuhörens, die weitestgehend unbekannt ist, ist das sogenannte *Möglichkeits-Zuhören*.

In diesem Fall hört der Zuhörer **für** den anderen zu. Er ist ein *Raum*, in den hinein die andere Person alles sagen kann. Der Zuhörer nimmt dazu eine bestimmte Körperhaltung ein. Konkret bedeutet das, der Zuhörer:

- sitzt entspannt aufrecht und hat die Füße parallel nebeneinander auf dem Boden (nicht die Beine übereinandergeschlagen),
- hat die Handflächen entspannt auf den Oberschenkeln liegen (nicht verschränkte Arme vor der Brust, gefaltete Hände im Schoss oder den Kopf auf die Hand aufgestützt),
- schaut dem Sprecher fortwährend in die Augen,
- wird zu einem Raum.

Während die ersten drei Punkte noch logisch nachvollziehbar sind, spüren Sie bei dem vierten Punkt möglicherweise eine Irritation. Denn was bitte heißt **zu einem Raum werden**? Wie machen Sie das?

Nun, als Zuhörer schnippen Sie einmal mit Ihren Fingern oder tippen mit einem Finger auf Ihr Bein und deklarieren eine leere Blase, die Sie energetisch umgibt, wie in *Kapitel 7: Edgeworker sind zentrierte Raumhalter* beschrieben. Dort haben Sie gelernt, durch Ihre Absicht Ihren persönlichen Raum in Form einer Blase zu deklarieren. Jetzt gehen Sie noch einen Schritt weiter. Sie werden zu dieser leeren Blase, zu diesem Raum. Ihr Ego tritt in dem Moment in den Hintergrund.

Wenn Sie zu einem Raum werden, sagen Sie **nichts**!!! Sie zeigen keinerlei Reaktion. Sie nicken nicht, Sie lächeln nicht. Sie sind einfach nur still und schauen die andere Person an, während Sie dieser Raum sind. Zwischendrin geben Sie vielleicht einmal ein kurzes, neutrales „Mmmh“ von sich, damit der Sprecher weiß, dass Sie nicht tot oder eingeschlafen sind. Es ist kein manipulativ-bestätigendes „Mmmh“, sondern ein neutraler Ton, der einfach nur zeigt, dass Sie noch präsent sind.

In unseren Trainings können sich die Teilnehmer im ersten Moment oft nicht vorstellen, wie das funktionieren soll, bis sie es schließlich in einer Übung ausprobieren. Die größte Schwierigkeit ist für viele, den Mund zu halten, nicht zu nicken und nicht zu lächeln. Sie denken vielleicht jetzt: „Warum soll ich das vermeiden? Überhaupt kein verbales oder körpersprachliches Feedback zu bekommen, fühlt sich für den Sprecher doch sicher seltsam an.“ Am Anfang ist es auch durchaus so, jedoch beeinflussen die gewohnten Gesten oder Worte der Rückmeldung den Sprecher bei dem, was er sagt, und führen somit zu einer Manipulation des Sprechers.

Wenn Sie als Raum zuhören, dann ist Ihr Zuhören nicht länger auf das beschränkt, was Ihr Verstand verstehen kann. Der Sprecher kann einfach sprechen und sprechen und sprechen, ohne dass er unterbrochen oder anderweitig manipuliert und bewertet wird. Möglichkeits-Zuhören ist ein Dienst für den Sprecher. Es geschieht für den anderen.

In der gegenwärtigen Kultur und gerade in der Unternehmenswelt ist es üblich, dass um Worte regelrecht gekämpft werden muss. Wer das Wort hat, hat das Sagen und damit die Macht. Die wenigsten sind es gewohnt, wirklich Raum zu bekommen, um einfach einmal zu sprechen. Somit kann Möglichkeits-Zuhören für den Sprecher im ersten Moment sehr ungewohnt sein und durch das fehlende Feedback Unsicherheit erzeugen. Der Sprecher ist es gewohnt, normalerweise nach spätestens einer Minute eine Gegenfrage gestellt zu bekommen oder einen Kommentar zu hören. Doch nach dieser ersten Irritation tritt unserer Erfahrung nach eine tiefe Berührtheit ein, eine Entspannung, eine Dankbarkeit, endlich einmal ohne Bewertung gehört zu werden.

Beim Möglichkeits-Zuhören hat der Sprecher die Möglichkeit, alles, was in ihm ist, wie auf eine Werkbank zu legen und die Dinge neu zu sortieren. Durch das Aussprechen werden Visionen und Ideen oftmals klarer und damit auch die Notwendigkeit des nächsten Schrittes, den es zu gehen gilt. Da der Sprecher nicht darauf achten muss, dass das, was er sagt, logisch ist, dem Zuhörer gefällt oder von diesem verstanden wird, kann er für sich Möglichkeiten entdecken, die für ihn ansonsten nicht zugänglich wären. Bei dieser Art des Sprech-Denkens kann sich uneingeschränkte Kreativität entfalten. Wenn z. B. ein Mitarbeiter mit einem ungelösten Problem ringt und verschiedene Lösungsmöglichkeiten in Erwägung zieht, kann ihm Möglichkeits-Zuhören den Raum geben, um diese Lösungsmöglichkeiten während des Sprechens gegeneinander abzuwägen und schließlich zu einer Entscheidung zu gelangen.

Auch dies ist nur eine weitere Art des Zuhörens. Es bedeutet nicht, dass Sie ab sofort nur noch Möglichkeits-Zuhören anwenden sollen. Es ist vielmehr eine zusätzliche Option, die Sie nun nutzen können. Manchmal wenden Sie vielleicht drei Minuten lang Möglichkeits-Zuhören an, ein andermal eine halbe Stunde. Es gibt keine zeitliche Regel – die Notwendigkeit bestimmt den Zeitrahmen.

Ein *Edgeworker* setzt diese Art des Zuhörens neben den anderen Arten bewusst ein, um seinem Team Raum zur Entfaltung von Ideen und Visionen zu geben, oder auch um Nähe und Vertrautheit und damit eine gemeinschaftliche Verbindung aufzubauen.

4) Entdeckungs-Zuhören

Das *Entdeckungs-Zuhören* ist ein kreatives Zuhören, um eine bestimmte Qualität herauszugreifen und weiterzuverfolgen. Es geht darum, Möglichkeiten, Bedeutung und Übereinstimmung herauszuhören. Diese Art des Zuhörens entspricht einem bewusst gelenkten, offenen Ohr. In einer Besprechung oder auch einem Zwiegespräch können Sie z. B. Ihr Zuhören darauf ausrichten, ob die andere Person an Innovation interessiert ist. Anschließend können Sie einhaken und das Gespräch in die entsprechende Richtung lenken: „Mir ist aufgefallen, dass Sie neuen Lösungen gegenüber offen sind. Lassen Sie uns unsere Energie darauf verwenden, einige dieser Lösungen zu erarbeiten."

Ein *Edgeworker* würde diese Art des Zuhörens nutzen, um sein Team und seine Projekte weiterzuentwickeln. Er könnte z. B. sein Ohr auch bewusst darauf lenken, ob eine Person im Team unzufrieden ist und entsprechende Äußerungen macht, um anschließend diese Unzufriedenheit als Chance für Verbesserung und Innovation zu nutzen.

Diese Art des Zuhörens ist sehr nützlich, um als Raumhalter Räume in Richtung der gemeinsamen Vision zu navigieren (siehe *Kapitel 7: Edgeworker sind zentrierte Raumhalter*) und kreatives Potenzial zu erschließen.

Alle vier Arten des Zuhörens haben ihren Nutzen. Ein *Edgeworker* ist sich der unterschiedlichen Arten bewusst und nutzt sie verantwortlich. Um beziehungsfördernd kommunizieren zu können, ist jedoch nicht nur die Kenntnis über die unterschiedlichen Arten des Zuhörens entscheidend. Zusätzlich gibt es auch noch unterschiedliche Arten des Sprechens, die im Folgenden erläutert werden.

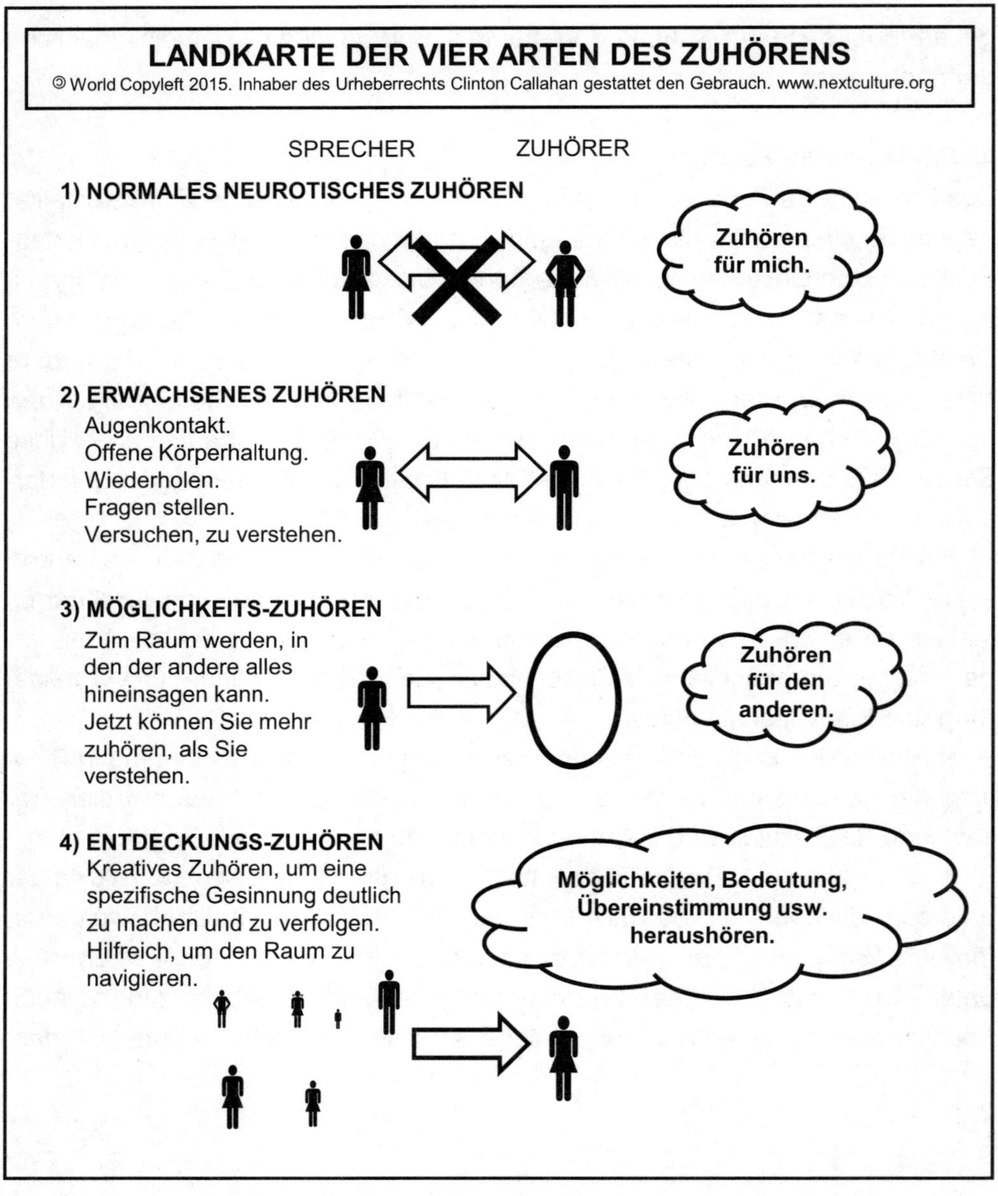

Landkarte 27: Vier Arten des Zuhörens

Die sechs Arten des Sprechens

1) Normal neurotisches Sprechen:
Diese Art des Sprechens besteht aus Geschwätz, Klatsch, Streit, Beschwerden, Entschuldigungen, Ausreden, Plappern, Jammern, Reden über Krankheiten, Ansichten über Sport, Politik etc. Beim normalen neurotischen Sprechen spricht der Sprecher für sich – es geht ihm nicht um den anderen. Er spricht um des Sprechens willen, um Aufmerksamkeit zu bekommen. In Meetings können dies zum Beispiel Personen sein, die sich wortreich in Szene setzen, ohne dass das Gesagte viel Bedeutung hätte. Zu dieser Kategorie gehört auch die zuvor erwähnte Positionierung. Kennen Sie die typischen Gespräche in der Kantine oder Kaffeeküche? Da wird munter über den Kollegen oder den Chef geklatscht oder der neueste Flurfunk ausgetauscht.

Normal neurotisches Sprechen ist eine Art des Sprechens und hat bestimmte Ergebnisse zur Folge. Es ist – ähnlich wie das normal neurotische Zuhören – wenig beziehungsfördernd.

2) Diskussion:
Die zweite Art des Sprechens ist die Diskussion. Eine Diskussion kann – abhängig von der Absicht – unverantwortlich oder verantwortlich sein. Sie kann somit normal neurotisch sein und damit in die erste Art des Sprechens abgleiten oder eine Form von erwachsenem Sprechen sein. Eine Diskussion kann ein Meinungs- und Machtkampf sein oder ein Austausch wertvoller Informationen und Einsichten (*Ich Gewinne* versus *Kreative Zusammenarbeit*). Eine erwachsene Diskussion zwischen zwei oder mehreren Personen führt in einer Besprechung beispielsweise dazu, dass unterschiedlichste Faktoren und Sichtweisen in Bezug auf eine Sache abgeglichen werden. Einwände und versteckte Befindlichkeiten in Bezug auf das Thema können in einer erwachsenen Diskussion zur Sprache gebracht werden, was zu einem tieferen Verständnis zwischen den Beteiligten und zu einer differenzierteren Entscheidungs- oder Lösungsfindung führt. Damit es nicht zu einem Abgleiten in eine normal-neurotische Diskussion kommt, bedarf es in der Regel eines Moderators oder eines Raumhalters, der dies verhindert.

3) Erwachsenes Sprechen:
Beim *Erwachsenen Sprechen* handelt es sich um authentische Kommunikation, einen Austausch beispielsweise in Form von Informationen, Plänen oder auch

Vereinbarungen. Es entsteht ein echter Dialog, welcher Sprecher und Zuhörer einbindet und eine Grundlage von Integrität und Respekt schafft. Auch erwachsenes Sprechen hat – ähnlich wie erwachsenes Zuhören – bestimmte Eigenschaften wie z. B. eine offene Körperhaltung, Rückfragen und Augenkontakt. Erwachsenes Sprechen dient beiden Beteiligten, es fördert Verständnis und Beziehung.

4) Möglichkeits-Sprechen:

Spätestens hier verlassen Sie gewohntes Terrain, oder haben Sie schon einmal von *Möglichkeits-Sprechen* gehört? Bei dieser Art des Sprechens nimmt der Sprecher seine Person und seinen Verstand zurück und spricht als Raum. Der Verstand ist es gewohnt, in erster Linie lineare, d.h. logische und offensichtliche Lösungen zu entwickeln. Sie werden nicht darin trainiert, außerhalb der Box zu denken, so dass Ihr Verstand in der Regel nur konventionelles Denken zulässt. Beim Möglichkeits-Sprechen wird diese Konditionierung umgangen. Das bedeutet, dass der Sprecher zu einem Kanal für Impulse wird, die nicht aus seinem Verstand kommen, um dem Zuhörer nichtlineare, unkonventionelle Möglichkeiten zur Verfügung zu stellen.

Wie funktioniert das konkret? Ähnlich wie beim Möglichkeits-Zuhören deklarieren Sie, dass Sie zu einem Raum werden, indem Sie mit Ihrer Absicht eine Blase um sich herum entstehen lassen. Während dieser Raum beim Möglichkeits-Zuhören alles aufnehmen kann, was über Ihr persönliches Verstehen hinausgeht, fließt die Information beim Möglichkeits-Sprechen nun in die andere Richtung. Das bedeutet, dass Sie alle Impulse, die Sie erhalten, aussprechen und zwar **bevor** Sie denken. Sie schalten Ihren brillanten Verstand, der normalerweise darauf trainiert ist, Dinge erst zu editieren, bevor sie Ihren Mund verlassen, komplett **aus**. Dies erfordert ein wenig Übung. Am Anfang wird Ihr Verstand möglicherweise sagen: „Was? Das kann ich doch nicht aussprechen, das ergibt doch überhaupt keinen Sinn.“ Für Ihren Verstand mag der Impuls womöglich wirklich keinen Sinn ergeben. Die Erfahrung zeigt jedoch, dass die andere Person, die diesen Impuls un-editiert hört, genau weiß, was sie damit anzufangen hat.

Möglichkeits-Sprechen beginnt grundsätzlich mit der Bitte des Zuhörers: „Bitte gib mir Möglichkeit (in Bezug auf)…“. Sie sprechen also nicht einfach drauflos, ohne gefragt worden zu sein (das wäre Retten im Sinne des niederen Dramas). Durch die Bitte des Zuhörers entsteht eine Notwendigkeit im Raum. Als Sprecher verpflichten Sie sich dieser Notwendigkeit der anderen Person und sprechen dann aus dem Nichtwissen heraus. Entscheidend ist wirklich, dass Sie sprechen, bevor Sie denken. Möglichkeits-Sprechen ist somit nicht begrenzt auf das, was Sie wissen oder persönlich für möglich halten. Möglichkeits-Sprechen beinhaltet Unterscheidungen, neue Perspektiven und lineare oder nichtlineare Möglichkeiten und Lösungen. Beim Möglichkeits-Sprechen werden Sie selbst zur unerschöpflichen Quelle von Möglichkeiten, da diese nicht durch Ihren Verstand limitiert bzw. editiert werden.

Möglichkeits-Sprechen ist ein Dienst für die andere Person. Die andere Person entscheidet im Nachgang selbst, wie sie die Fülle der Möglichkeiten nutzt, die Sie ihr gegeben haben.

Stellen Sie sich vor, Sie selbst und Ihre Mitarbeiter würden diese Art des Sprechens bzw. die Möglichkeit, sich jederzeit von jedem Teammitglied unbegrenzte Lösungsansätze für Problemstellungen zu holen, eigenverantwortlich nutzen. Jeder Einzelne und auch das komplette Team würde zu einer unerschöpflichen Quelle von Möglichkeiten werden.

5) Entdeckungs-Sprechen:

Beim *Entdeckungs-Sprechen* navigiert ein Raumhalter ein Team in neues, unbekanntes Gebiet, um zu entdecken, was gewollt und gebraucht wird. Das Team arbeitet zusammen, um der Entdeckung zu dienen. Diese Art des gemeinsamen Sprechens setzt in ungeahnter Weise den Gruppengenius frei und lässt Innovation in einem Unternehmen oder einer Organisation zu einer festen und gewollten Größe werden.

Sie könnten als Raumhalter zum Beispiel die Frage stellen, wie die Organisationsform der Zukunft aussieht. Dann begibt sich das gesamte Team in dieses unbekannte Gebiet des Nichtwissens und jeder spricht seine Impulse aus. Der Raumhalter hält die Impulse auf einem Flipchart oder Ähnlichem fest. Diese Dokumentation kann dann als Grundlage für ein Projekt oder eine Roadmap dienen, um diese Innovation Schritt für Schritt in die Tat umzusetzen. Innovation wird in vielen Unternehmen oft noch zu sehr einzelnen Personen übertragen oder von der Geschäftsleitung im Alleingang erdacht und beschlossen, was einerseits das Ausmaß an Innovation erheblich einschränkt und andererseits oft zu Widerstand bei den Personen führt, die von der Innovation betroffen sind. Das Entdeckungs-Sprechen ist eine Möglichkeit, um in Lichtgeschwindigkeit unbekanntes Gebiet zu erforschen und das ganze Team als Ressource für Innovation zu nutzen und einzubeziehen. Gerade in Zeiten schnellen Wandels könnte Entdeckungs-Sprechen für Unternehmen enorm hilfreich sein, um den immer wieder notwendigen Veränderungen gerecht zu werden.

6) Drachen-Sprechen:

Drachen-Sprechen bedeutet, für die Notwendigkeit zu sprechen. Diese Art des Sprechens ist in Unternehmen ein heikles Unterfangen, denn dabei wird gesagt, was gesagt werden muss und was in dem jeweiligen Moment authentisch präsent ist. Drachen-Sprechen ist unerschütterlich, fesselnd, wahrheitsgetreu und direkt. Es kann laut sein. Ein oder mehrere Sprecher wenden Drachen-Sprechen vor einer Gruppe von Zuhörern an und sprechen authentisch. Auch für diese Art des Sprechens wird ein Raumhalter benötigt, der zuvor den Kontext dafür setzt, damit es nicht in normal neurotisches Sprechen, d.h. zum Beispiel in Beschuldigungen oder Rechtfertigungen, abdriftet.

Gleichzeitig kann Drachen-Sprechen für Unternehmen in Veränderungsprozessen einen großen Unterschied machen. Viele der Mitarbeiter trauen sich aktuell nicht, den Mund aufzumachen, obwohl sie möglicherweise Missstände im Unternehmen klar und deutlich sehen und sogar innovative Lösungsvorschläge hätten. Die Angst, womöglich eine Konfrontation mit dem Chef oder anderen Kollegen heraufzubeschwören oder in letzter Konsequenz sogar nicht mehr ins Team zu passen und ausgegrenzt zu werden, lässt viele Mitarbeiter verstummen. Wenn ein Unternehmen den kreativen Genius seiner Mitarbeiter nutzen würde, würde es diese ermutigen und ermächtigen, klar auszusprechen, was funktioniert und was nicht funktioniert. Ein *Edgeworker* nutzt dieses Potenzial, anstatt sein Team durch strikte und nicht zu diskutierende Managementvorgaben einzuschüchtern. Auch in Kundenprojekten kann Drachen-Sprechen nützlich sein, wie der folgende Vorfall verdeutlicht, der sich in einer Firma zugetragen hat: Zwischen einem Automobilzulieferer und einem seiner Dienstleister kam ein Projekt ins Stocken. Als der Raumhalter des Dienstleisters die Möglichkeit des Drachen-Sprechens eröffnete, hatte der Zulieferer Gelegenheit, ohne Zensur auszusprechen, was seiner Meinung nach in dem Projekt nicht funktioniert. Das ganze dauerte 45 Minuten. Dadurch, dass gesagt wurde, was für die Notwendigkeit des Projektes gesagt werden musste, kam die Energie wieder in Fluss und es entstanden ungeahnte, kreative Lösungen.

Die Arbeit eines *Edgeworkers* steht und fällt mit beziehungsfördernder Kommunikation. Dazu gehört nicht nur die Kenntnis über die unterschiedlichen Arten des Sprechens und Zuhörens. Ein sehr wertvolles Werkzeug in beziehungsfördernder Kommunikation ist zudem die sogenannte *Vollendungsschleife*.

LANDKARTE DER 6 ARTEN DES SPRECHENS

(SPRECHER) (ZUHÖRER)

1) NORMALES NEUROTISCHES SPRECHEN
Geschwätz, Klatsch, Streit, Beschwerden, Ausreden, Plappern, Hintergrundgeräusch.

2) DISKUSSION (kann unverantwortlich oder verantwortlich sein)
Hängt vom Zweck ab, kann neurotisch oder erwachsen sein, Machtkampf oder Zusammenarbeit. Diskussionen können ein Meinungskampf oder ein Austausch wertvoller Informationen und Einsichten sein.

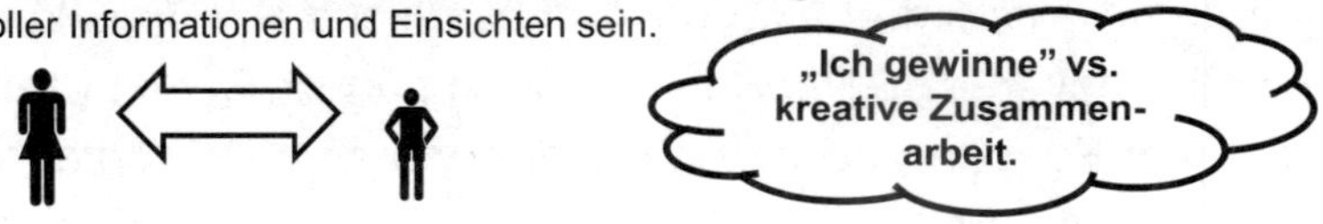

3) ERWACHSENES SPRECHEN
Authentische Kommunikation, Austausch, Vereinbarungen, Informationen, Pläne.

4) MÖGLICHKEITS-SPRECHEN
Als Raum sprechen. Sie verpflichten sich zuerst der Notwendigkeit der anderen Person und sprechen dann aus dem Nichtwissen heraus. Beinhaltet Unterscheidungen, neue Perspektiven und lineare und nichtlineare Möglichkeiten.

5) ENTDECKUNGS-SPRECHEN
Der Raumhalter navigiert ein Team in ein neues Gebiet, um zu entdecken, was gebraucht wird.

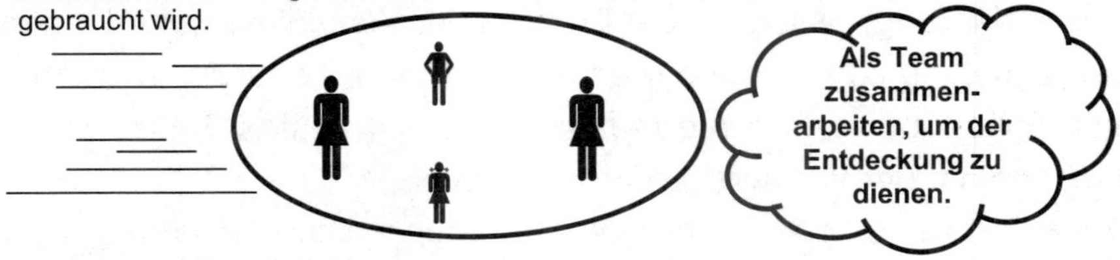

6) DRACHEN-SPRECHEN
Für die Notwendigkeit sprechen. Es wird gesagt, was gesagt werden muss und die Wahrhaftigkeit dessen ist spürbar im gesamten Raum.

Landkarte 28: Sechs Arten des Sprechens

Kommunikation und Vollendungsschleife

Eine Kommunikation bleibt grundsätzlich solange bestehen, bis sie empfangen wird. Dabei ist der Prozess der Kommunikation sehr heikel und anfällig für viele Fehlerquellen.

Kommunikation entsteht zunächst durch einen Drang beim Sender. Um die Botschaft zu übermitteln, verschlüsselt der Sender den Drang in Worte. Dabei hat er die Möglichkeit, die Botschaft verantwortlich oder unverantwortlich zu verschlüsseln. Der Empfänger muss die verschlüsselte Botschaft entschlüsseln, um die Kommunikation zu empfangen. Auch er hat die Möglichkeit, die Botschaft verantwortlich oder unverantwortlich zu entschlüsseln.

Angenommen, es findet eine unverantwortliche Kommunikation zwischen Chef und Mitarbeiter statt. Der Sender (Chef) hätte z. B. den Drang: „Ich muss kurzfristig zum Kunden und brauche dringend eine Präsentation über unser neuestes Produkt." Er kommt nun gestresst zum Mitarbeiter ins Büro, würde diesen Drang unverantwortlich in Worte verschlüsseln und sagen: „Wo bleibt die Präsentation?" Der Mitarbeiter würde die Botschaft unverantwortlich entschlüsseln und sagen: „Aber Sie haben doch gesagt, es reicht, wenn ich sie Ihnen morgen liefere." Welcher Eindruck bleibt dann beim Mitarbeiter zurück? Möglicherweise könnte unbewusst der Eindruck entstehen: „Ich bin nicht gut genug." Oder: „Nie kann ich es ihm recht machen." Wenn dann der Mitarbeiter diesen Eindruck zum Ausdruck bringen und sagen würde: „Nie kann ich es Ihnen recht machen", hätte der Chef die Möglichkeit, es richtigzustellen und zu sagen: „Wie kommen Sie denn jetzt auf den Quatsch!" Doch meistens wird der Eindruck, der beim Empfänger entsteht, dem Sender nicht zurückgemeldet und das Gespräch endet an dieser Stelle oder steigert sich zu einem niederen Drama. Bei einer nicht vollendeten Kommunikation bleibt ein falscher Eindruck beim Empfänger zurück. Wie Sie sicherlich aus eigener Erfahrung wissen, ist der Prozess der Verschlüsselung-Übermittlung-Entschlüsselung heikel, kompliziert und recht anfällig für Pannen, Annahmen, Fehler, Erwartungen, Fehlinterpretationen, mehrdeutige Botschaften, Projektionen, aneinander Vorbeireden und so weiter.

Erwachsenes Zuhören beinhaltet eine sogenannte Vollendungsschleife, die vom Empfänger zurück zum Sender geschickt wird, um die Ursprungsintention der Botschaft zu überprüfen. Mit der Vollendungsschleife formulieren Sie auf natürliche Weise die Originalkommunikation neu, so dass der Sender weiß, er wurde gehört. Erst dann kann er zur nächsten tieferen Ebene seiner Botschaft übergehen.

Im oben genannten Beispiel könnte das wie folgt aussehen:

Chef: „Wo bleibt die Präsentation?“
Mitarbeiter: „Sie möchten die Präsentation bereits jetzt haben.“
Chef: „Ja. Verdammt, der Kundentermin findet gleich schon statt.“
Mitarbeiter: „Der Termin findet eher statt als geplant.“
Chef: „Ja. Herrje, das ist unser wichtigster Neukunde. Da muss alles perfekt sein, wenn ich die Präsentation halte. Ich hätte noch so viel mehr vorbereiten wollen.“
Mitarbeiter: „Sie hätten gerne mehr Vorbereitungszeit gehabt.“
Chef: „Ja. Und Sie sind meine letzte Hoffnung, weil Sie in kürzester Zeit professionelle Präsentationen kreieren können.“
Mitarbeiter: „Ich bin Ihre letzte Hoffnung.“
Chef: „Ja. Können Sie mir aus der Patsche helfen und die Präsentation in fünf Minuten fertig haben?“
Mitarbeiter: „Ja, kann ich.“

Sie sehen, dass dieses Gespräch einen gänzlich anderen Verlauf nimmt als die erste Variante. In diesem Beispiel hat der Mitarbeiter Vollendungsschleifen angewandt. Entscheidend ist, dass Sie eine Vollendungsschleife als Aussage und nicht als Frage formulieren. Sobald Sie am Ende des Satzes mit der Stimme hochgehen und eine Frage formulieren (z. B.: „Sie wollen die Präsentation bereits jetzt haben?“), stellen Sie in Frage, was der Sender zuvor gesagt hat. Erspüren Sie den unterschiedlichen Drall der Kommunikation. Sprechen Sie den Satz mit der Präsentation einmal als Frage (Stimme am Ende anheben) und einmal als Aussage aus (mit der Stimme am Ende runtergehen). Es ist ein himmelweiter Unterschied.

Nun mag der eine oder andere denken, dass es sehr „papageienhaft“ klingt, wenn Sie ständig als Aussage wiederholen, was der Sender gesagt hat. Nun, Sie machen es im Normalfall nicht zehnmal hintereinander. Im obigen Beispiel dient es der Anschauung, auf welche tiefere Ebene eine Kommunikation gehen kann, wenn Sie Vollendungsschleifen benutzen.

Die Vollendungsschleife ist eines von vielen Werkzeugen. Sie wird nicht immer eingesetzt. Vorzugsweise wird sie genutzt, wenn Ihnen jemand etwas mitteilen möchte, was über den Austausch von Fakten und Informationen hinausgeht und damit für den Sender viel tiefer liegt. Durch das Benutzen der Vollendungsschleife vermitteln Sie dem Sender in dem Moment den Eindruck, dass der Raum zum Sprechen sicher genug ist, um auf die nächste tiefere Ebene zu gehen. Insbesondere dann, wenn der andere **nicht** um Hilfe oder Möglichkeiten bittet, ist die Vollendungsschleife angebracht, um zum wahren Kern einer Botschaft zu gelangen.

LANDKARTE DER KOMMUNIKATION

Eine Kommunikation bleibt solange bestehen, bis sie empfangen wird.

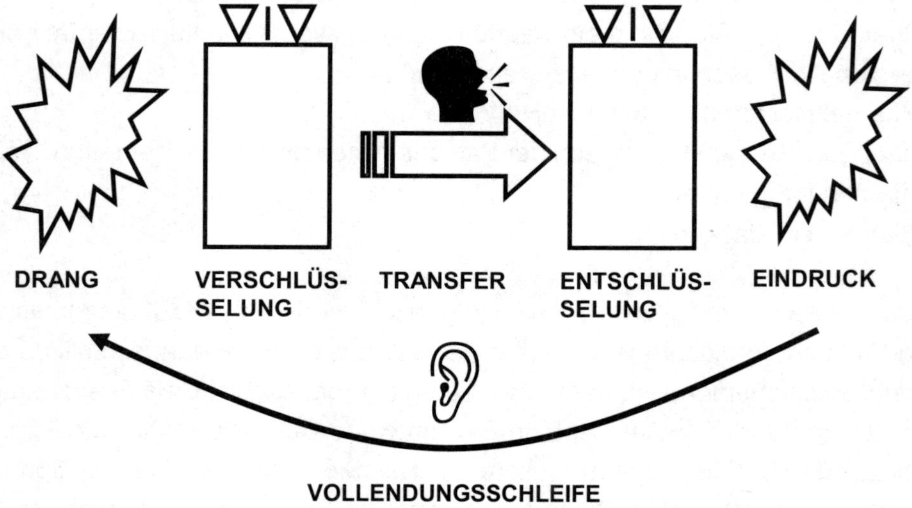

Wiederholen Sie das, was Sie den anderen haben sagen hören, damit er bestätigen kann, dass Sie die Botschaft empfangen haben. Wenn der andere „Ja" sagt, signalisiert er damit, dass diese Kommunikation vollendet wurde. Dann können Sie gemeinsam zur nächsten tieferen Ebene vordringen.

Pure Magie: Eine unverantwortlich verschlüsselte Botschaft verantwortlich zu entschlüsseln. Das grenzt schon fast an ein Wunder.

Landkarte 29: Kommunikation und Vollendungsschleife

Ohne Übung kann es passieren, dass in Ihre Rückmeldungen eine Reihe von Hindernissen, sogenannte *Straßensperren*, eingebaut sind. Durch Straßensperren kann eine Kommunikation unbewusst immer wieder dazu dienen, niederes Drama zu produzieren, ohne dass Sie es merken.

Die 12 Straßensperren in der Kommunikation

Straßensperren werden benutzt, um Verantwortung zu vermeiden. Wenn Sie Straßensperren benutzen, fühlt sich Ihre Box sicher, weil durch die im Weg liegenden Hindernisse keine authentische Kommunikation stattfinden kann und es niederes Drama im Überfluss gibt. Ihre Box mag sich zwar sicher fühlen, aber tatsächlich leiden Sie erheblich, weil Sie in Ihren Beziehungen nach echtem Kontakt und kreativer Zusammenarbeit hungern. Echter Kontakt kann jedoch nur entstehen, wenn die Kommunikation nicht blockiert wird. Um Ihre Kommunikation von Blockaden zu befreien, werden Sie fast noch einmal von vorne lernen müssen, zu kommunizieren.

Selbst intelligente Vorschläge oder aufrichtige Sympathiebekundungen können die Kommunikation und damit die Beziehung zerstören, weil das, was Sie sagen, die Kommunikation nicht vollendet, sondern abbricht. Der Sprecher kann nicht die Erfahrung machen, von Ihnen gehört zu werden, wenn Sie nicht wiederholen, was Sie ihn haben sagen hören. Als wir die folgende Liste der Straßensperren von Dr. Thomas Gordon das erste Mal studierten, waren wir wirklich am Boden zerstört und hatten nur einen Gedanken: „Mein Gott, was bleibt denn dann noch?“ Das waren alles Dinge, die wir in unseren Unterhaltungen täglich benutzten. Es war schmerzhaft, der Wahrheit ins Auge zu blicken, doch durch diesen Schmerz wurde letztendlich auch Veränderung für uns möglich. Vielleicht geht es Ihnen ähnlich?

(Die Ideen der folgenden 12 Straßensperren *stammen aus Dr. Thomas Gordon's Buch Familienkonferenz)*

Die 12 Straßensperren

1. BEFEHLEN, ANORDNEN, KOMMANDIEREN
Jemandem sagen, dass er etwas tun soll, ihm eine Anordnung oder einen Befehl geben:

„Es ist mir egal, was andere Firmen tun, hier machen Sie das, was bei uns üblich ist!“ – „Sprechen Sie nicht in diesem Ton mit mir!“ – „Nun gehen Sie zurück an Ihre Arbeit!“ – „Hören Sie damit auf, sich zu beklagen!“

2. WARNEN, ERMAHNEN, DROHEN
Jemandem sagen, welche Konsequenzen es haben wird, wenn er etwas tut:

„Wenn Sie das machen, wird es Ihnen noch leidtun!“ – „Noch so eine Bemerkung und Sie können gehen!"

3. ZUREDEN, MORALISIEREN, PREDIGEN
Jemandem sagen, was er tun *müsste* oder *sollte*:
„Sie sollten sich nicht so aufführen." – „Das hätten Sie aber tun sollen." – „Sie sollten..."

4. BERATEN, LÖSUNGEN GEBEN ODER VORSCHLÄGE MACHEN
Jemandem sagen, wie er ein Problem lösen kann, ihm einen Ratschlag erteilen oder einen Vorschlag machen, ihm Antworten oder Lösungen liefern:
„Warum fragen Sie nicht Ihren Kollegen, ob er Ihnen helfen kann?" – „Ich schlage vor, Sie besprechen das mit Ihrer Kollegin." – „Stellen Sie doch einfach jemand anderen ein."

5. VORHALTUNGEN MACHEN, BELEHREN, LOGISCHE ARGUMENTE ANFÜHREN
Jemanden mit Fakten, Gegenargumenten, Logik, Information oder Ihrer eigenen Meinung zu beeinflussen versuchen:
„Das Projekt kann die wundervollste Erfahrung sein, die Sie jemals haben werden." – „Ein Team muss lernen, miteinander umzugehen." – „Als ich hier angefangen habe waren die Bedingungen weitaus schlechter."

6. URTEILEN, KRITISIEREN, WIDERSPRECHEN, BESCHULDIGEN
Jemanden negativ beurteilen oder bewerten:
„Sie denken nicht logisch." – „Das ist ein unreifer Standpunkt." – „Da liegen Sie total falsch." – „Ich bin vollkommen anderer Meinung als Sie."

7. LOBEN, ZUSTIMMEN
Eine positive Bewertung oder Beurteilung abgeben, zustimmen:
„Nun, das haben Sie toll hin bekommen." – „Sie haben die Fähigkeit, etwas zu leisten." – „Ich finde, Sie haben recht."

8. BESCHIMPFEN, LÄCHERLICH MACHEN, BESCHÄMEN
Jemandem das Gefühl geben, dumm zu sein, ihn in eine bestimmte Kategorie einordnen, ihn beschämen:
„Sie sind ein Nichtsnutz." – „Hören Sie mal zu, Herr Oberschlau." – „Sie benehmen sich wie ein wild gewordener Stier."

9. INTERPRETIEREN, ANALYSIEREN, DIAGNOSTIZIEREN
Jemandem sagen, welche Motive er hat, oder analysieren warum er etwas tut oder sagt; ihn wissen lassen, dass Sie ihn durchschauen oder zu einer Diagnose gekommen sind:

„Sie sind nur neidisch auf Ihre Kollegin." – „In Wirklichkeit glauben Sie das alles selber nicht."

10. BERUHIGEN, BEMITLEIDEN, TRÖSTEN, UNTERSTÜTZEN
Alles versuchen, damit sich jemand besser fühlt, ihm seine Empfindungen ausreden, seine Empfindungen zu zerstreuen versuchen, die Heftigkeit seiner Gefühle leugnen:

„Morgen denken Sie anders darüber." – „Jeder macht das einmal durch." – „Machen Sie sich keine Sorgen, es wird schon klappen." – „Mit Ihrem Potenzial könnten Sie ein hervorragender Teamleiter sein."

11. FORSCHEN, FRAGEN, VERHÖREN
Gründe, Motive, Ursachen zu finden versuchen; nach weiteren Informationen suchen, die Ihnen helfen, das Problem zu lösen: „Wann hatten Sie diese Bedenken das erste Mal?" – „Warum glauben Sie, Ihren Job zu hassen?" – „Was werden Sie tun, wenn der Kunde dieses Angebot ablehnt?"

12. ZURÜCKZIEHEN, ABLENKEN, AUFHEITERN, ZERSTREUEN
Jemanden von seinem Problem abzubringen versuchen, sich selbst von dem Problem zurückziehen, jemanden ablenken, die Sache scherzhaft behandeln, das Problem zur Seite schieben: „Denken Sie einfach nicht mehr daran." – „Kommen Sie – lassen Sie uns über angenehmere Dinge reden." – „Was machen eigentlich Ihre Fortschritte im Golfspiel?"

Was bleibt da noch? Vielleicht denken Sie jetzt: „Dann kann ich ja gar nichts mehr sagen." Vielleicht fühlen Sie sich traurig über die vielen verpassten Möglichkeiten, in Ihren Beziehungen tiefer zu gehen, weil Ihnen bewusst wird, wie oft Sie eine oder mehrere dieser Straßensperren tagtäglich benutzen. Es gibt Situationen, in denen ein Ratschlag angebracht ist, z. B. wenn Sie jemand konkret um Hilfe bittet. In Situationen hingegen, in denen unter der oberflächlichen ersten Kommunikation noch weitere Ebenen schlummern, können die oben aufgeführten Straßensperren zu einem Abbruch der Kommunikation führen, so dass die eigentliche Botschaft nicht gehört werden kann.

Lernen Sie die zwölf Straßensperren der Kommunikation auswendig oder lesen Sie sie viele Male. (Machen Sie eine Kopie, um sie mit sich herumzutragen.) Hören Sie auf, Sie zu benutzen. *Edgeworker* sind in der Lage, ohne diese Straßensperren zu kommunizieren.

Next Culture Unternehmenskommunikation

Die Sichtweise auf Kommunikation ist in Unternehmen eine andere als die soeben vorgestellte. Wie bereits erwähnt, herrscht in Unternehmen durchaus Bewusstsein darüber, dass Kommunikation eine wichtige Rolle spielt. In der normalen Managementkultur ist die Führungskommunikation allerdings auf ganz bestimmte – oftmals nicht wirklich zielführende – Standard-Gesprächsformen reduziert. Es gilt die Devise, dass eine Führungskraft 80% ihrer alltäglichen Führungsarbeit abdeckt, wenn sie diese Gesprächsformen beherrscht, wie zum Beispiel:

- das Aussprechen von Lob und Tadel,
- das Geben von Arbeitsanweisungen,
- die Vorgabe von Zielen,
- die Durchführung von Zielvereinbarungs- und Zielerreichungsgesprächen,
- die Durchführung von Kritik-Gesprächen (meist im Zusammenhang mit dem Zielerreichungsgespräch).

In gewöhnlicher Führungskommunikation geht es dabei in erster Linie um das **Was**, um das Unternehmensziel und darum, ob der Mitarbeiter das vorgegebene Ziel erreicht oder nicht. Auch das **Wie** wird oft noch vorgeben. In der Regel ist diese Art der Kommunikation eine der Ursachen dafür, dass Mitarbeiter aufhören, selbständig zu denken und zu handeln.

Sie wären erstaunt, wie oft Führungskräfte erwähnen: „Wenn meine Mitarbeiter doch selbständiger denken und handeln und mehr Eigenverantwortung übernehmen würden." Oder um es mit den Worten eines Vorstandes zu sagen: „Warum können die Mitarbeiter das nicht selbst machen, ich bin doch nicht der Oberprojektleiter!" Im Grunde sind solche Aussagen absolut nachvollziehbar. Die Krux liegt jedoch darin, dass die Mitarbeiter durch gewöhnliche Führungskommunikation dazu erzogen werden, **nicht** selbständig zu denken und innovativ zu sein.

Die Absicht der gewöhnlichen Führungskommunikation liegt darin, jeden einzelnen Mitarbeiter so zu beeinflussen, dass er eine möglichst hohe Leistung bei hoher Motivation erbringt. Der Fokus liegt somit darauf, dass jeder einzelne Mitarbeiter motiviert ist und die vorgegebenen Ziele erfüllt oder übererfüllt. Manchmal wird im gewöhnlichen Managementkontext Führung sogar damit verglichen, eine Horde Kinder zu hüten oder zu erziehen.

Im Gegensatz dazu besteht die Absicht der *Next Culture Unternehmenskommunikation*, derer sich ein *Edgeworker* bedient, darin, einen Gremlin-freien, vertrauensvollen und sicheren Raum zu schaffen, in dem das Team und jeder einzelne Mitarbeiter sein volles Potenzial einbringen kann. Wie bereits erwähnt, haben *Edgeworker* das Ziel, selbständige und eigenverantwortliche Teammitglieder hervorzubringen. Deshalb nutzen sie auch eine außergewöhnliche Kommunikation. Es handelt sich nicht um Führungskommunikation im herkömmlichen und bekannten Sinne, sondern vielmehr um die Kommunikation eines verantwortlichen Raumhalters.

Diese besteht maßgeblich aus folgenden Punkten:

Vertrauen statt Kontrolle

Einem *Edgeworker* ist bewusst, dass Vertrauen die Grundlage bei der Teamarbeit ist. Wenn ein Mitarbeiter im herkömmlichen Kontext der Führungskraft nicht vertraut, wird er sich ihrer Führung nicht anvertrauen und möglicherweise sein Potenzial nicht entfalten. Wenn eine Führungskraft ihren Mitarbeitern hingegen nicht vertraut, wird sie ständig Kontrolle ausüben und Vorgaben machen.

Ein *Edgeworker* entscheidet sich für Vertrauen. Sie haben richtig gelesen. Vertrauen ist entgegen der gängigen Meinung kein Gefühl, sondern eine **Entscheidung**! Oftmals warten Manager mit dieser Entscheidung so lange, bis sie genug Beweise haben, dass der Mitarbeiter vertrauenswürdig ist. Ein *Edgeworker* entscheidet sich sofort für Vertrauen und kommuniziert dieses auch gegenüber seinem Team. Er äußert z. B. konkret, dass er einem Teammitglied vertraut, dass dieser eine bestimmte Aufgabe erfüllen kann.

Das zeigt sich auch darin, dass ein *Edgeworker* versucht, den Mitarbeiter als Menschen kennenzulernen und nicht nur als Aufgabenerfüller. Gleichzeitig gibt er dem Mitarbeiter die Gelegenheit, ihn – den *Edgeworker* – als Menschen kennenzulernen, indem er persönliche Gespräche zulässt. Dadurch wird ein *Edgeworker* nahbar, was der aktuell gängigen Meinung, dass es im Business-Alltag nur ums Geschäft geht, völlig entgegensteht. Die gewöhnliche Managementkultur setzt stillschweigend voraus, dass Mitarbeiter und Führungskräfte an der Stempeluhr bzw. der Eingangstür zum Unternehmen ihre persönliche, private, nahbare Seite ablegen und nur noch professionell funktionieren. Dadurch geht eine Menge Potenzial verloren, weil die in jedem Menschen vorhandene persönliche Eigenmotivation auch im privaten, menschlichen Teil enthalten ist. Es gibt zudem verschiedene Studien, die besagen, dass Mitarbeiter, denen Vertrauen entgegengebracht wird, viel motivierter und engagierter arbeiten als Mitarbeiter, die permanent kontrolliert werden (siehe z. B. *Vertrauensmanagement in Unternehmen. Eine empirische Studie über Vertrauen zwischen Angestellten und ihren Führungskräften* von Matthias Seifert, 2001).

Ziehen Sie einmal in Betracht, dass die Führungskraft in der Regel die drittwichtigste Person im Leben eines Menschen ist, nach dem Partner und den Eltern (Familie). Welch unglaubliches Potenzial steckt in diesem Umstand, wenn die Beziehung zwischen Führungskraft und Mitarbeiter auf einer menschlichen Ebene funktioniert und Vertrauen herrscht? Ein *Edgeworker* ist sich dessen bewusst und setzt auf ein vertrauensvolles Verhältnis zu jedem Einzelnen in seinem Team.

Vorstellungen und Erwartungen abgleichen

Wo unterschiedliche Menschen aufeinandertreffen, gibt es unterschiedliche Vorstellungen und oftmals eine Menge (unausgesprochener) Erwartungen. Erwartungen sind prädestiniert dafür, enttäuscht zu werden. In der gewöhnlichen Managementkultur wird meist solange gewartet, bis eine unausgesprochene Erwartung durch den Mitarbeiter enttäuscht wird, bevor es das erste Gespräch gibt. Ist es bereits so weit gekommen, handelt es sich bei diesem Gespräch letztendlich schon um ein Konfliktgespräch. Damit wird sehr schnell eine vertrauensvolle Zusammenarbeit zunichte gemacht, da der Mitarbeiter ständig Angst hat, dass er Fehler machen könnte. Das führt wiederum dazu, dass Mitarbeiter lieber gar nichts tun bzw. sich komplett angepasst verhalten, um nicht Gefahr zu laufen, getadelt zu werden.

Der *Edgeworker* gleicht deshalb aktiv und frühzeitig Vorstellungen und Erwartungen ab. Er führt regelmäßig mit seinem Team ein sogenanntes Check-in durch, bei dem jeder Mitarbeiter Redezeit bekommt und alles aussprechen kann, was ihn gerade bewegt. Es können Dinge sein, die mit der Arbeit zu tun haben oder auch Dinge, die privat gerade eine besondere Bedeutung für ihn haben. Der *Edgeworker* teilt sich ebenfalls mit und ermutigt die Teammitglieder, auch auszusprechen, was sie gerade fühlen. So entsteht ein regelmäßiger Austausch mit allen Teammitgliedern, der dazu dient, eventuelle Befindlichkeiten und unbewusste Erwartungen bereits im Vorfeld aufzudecken (vielleicht sogar, bevor die Mitarbeiter selbst wussten, dass sie eine Erwartung haben). So verhindert ein *Edgeworker* frühzeitig, dass es im normalen Tagesablauf zu Groll oder Reibungswiderständen kommt. Er schafft auch dadurch wieder einen sicheren Raum, in welchem die Mitarbeiter innovativ und effektiv agieren können, ohne Gefahr zu laufen, eine unausgesprochene Erwartung zu enttäuschen.

Eine weitere Möglichkeit, um unterschwellige Erwartungen und andere Gremlinspiele aufzudecken, ist das sogenannte Metagespräch. Das bedeutet, Sie führen ein Gespräch über das Gespräch. Wenn Sie z. B. in einer Besprechung wahrnehmen, dass ein Mitarbeiter oder Kunde unbewusst das Spiel ICH GEWINNE – DU VERLIERST spielt, auf seiner Position beharrt oder Macht ausübt, was jedoch an dieser Stelle nicht zielführend ist, dann bringt ein *Edgeworker* dieses unterschwellige Spiel an die Oberfläche. Zum Beispiel könnte er sagen: „Ich habe den Eindruck, dass hier ein Spiel beginnt, das ICH GEWINNE – DU VERLIERST heißt. Ich fühle mich wütend und traurig, weil wir anfangen, gegeneinander zu kämpfen. Ich persönlich bin an einem anderen Spiel interessiert, bei dem wir gemeinsam Lösungen kreieren. Wie sehen Sie das?" Dadurch wird das unbewusste Spiel für jeden im Raum sichtbar und es entsteht die Möglichkeit, das Gespräch wieder in eine zielführendere Richtung zu navigieren. Ein *Edgeworker* lässt nicht zu, dass unbewusste, manipulative Kommunikation abläuft und macht dadurch den Raum für das Team und die Vision sicher. Gleichzeitig ermächtigt ein *Edgeworker* aber auch alle anderen Teammitglieder dahingehend, versteckte, kontraproduktive Absichten in der Zusammenarbeit zu erkennen und durch Metagespräche aufzudecken.

Wertschätzung versus Lob

Die gewöhnliche Managementkultur nutzt Lob, um den Mitarbeiter dazu zu manipulieren, ein bestimmtes Verhalten weiter zu zeigen. Sie haben durchaus richtig gelesen. Lob ist eine Form der Manipulation. Es ist vergleichbar mit einem Hund, den man dressiert, indem man ihm immer wieder ein „Leckerli" als Belohnung gibt, sobald dieser das gewünschte Verhalten zeigt. Wenn Sie loben, reduzieren Sie den Mitarbeiter auf das, was er **tut**. Vielleicht denken Sie: „Ja, das reicht doch. Darum geht es doch gerade." Dieser Gedanke ist weitverbreitet. Führungskräfte in der gewöhnlichen Managementkultur denken, wenn sie ihre Mitarbeiter loben, dann motivieren sie sie. Natürlich kann ein Lob motivierend wirken – allerdings muss der Mitarbeiter schon motiviert gewesen sein, denn jemand, der nicht motiviert ist, erbringt in der Regel keine außergewöhnliche Leistung.

Durch Lob wird das Bedürfnis nach Anerkennung von außen angesprochen. Mitarbeiter, welche dieses Bedürfnis – manchmal bis hin zur Bedürftigkeit – haben, geraten geradezu in eine Abhängigkeit von Lob. Dies kann in der Folge dazu führen, dass Mitarbeiter demotiviert sind, wenn sie von ihrer Führungskraft einmal kein Lob erhalten. Lob gibt auch kein grundsätzliches Gefühl von Wert oder von Zugehörigkeit, sondern ist an die Bedingung geknüpft, dass der Mitarbeiter etwas Bestimmtes tun muss, um weiterhin Lob zu erhalten. Das führt unbewusst zu angepasstem Verhalten und zu einem unglaublichen Stress beim Mitarbeiter, weil er sich ständig darauf konzentrieren muss, genau das zu tun, was die Führungskraft zufriedenstellt. Weiterhin sind Lob und Tadel eng mit einer hierarchischen Beziehung verknüpft. In welchen Beziehungen finden sich Lob und Tadel üblicherweise?

- Eltern – Kinder
- Lehrer – Schüler
- Ausbilder – Auszubildender
- Chef – Mitarbeiter

Dies sind in der Regel hierarchische Beziehungen, in denen eine Person der anderen in irgendeiner Weise überstellt ist. In einer partnerschaftlichen Beziehung zwischen zwei Erwachsenen würde Lob ziemlich seltsam wirken.

Ein *Edgeworker* weiß hingegen, dass es einen entscheidenden Unterschied zwischen Lob und Wertschätzung gibt. Bei Wertschätzung geht es – im Gegensatz zu Lob – nicht darum, was eine Person tut, oder gar hat, sondern es geht um das **Sein** einer Person. Ein *Edgeworker* spricht Wertschätzung für diese Seins-Eigenschaften gegenüber dem Mitarbeiter aus. Er schätzt die Qualitäten des Seins wert. Er kann z. B. gegenüber einem Mitarbeiter die Seins-Eigenschaft wertschätzen, dass dieser sehr klar, innovativ und integer **ist**, oder dass er ein Teamplayer mit Feingefühl **ist**. Anstatt: „Das Projekt hast du super geleitet“ (das wäre Lob), würde ein *Edgeworker* z. B. sagen: „Ich schätze deine Klarheit und Kreativität, die sich auch in diesem Projekt wieder gezeigt hat.“ Die Wertschätzung von Seins-Eigenschaften führt zu dem Bewusstsein des Mitarbeiters, ein wertvoller Teil des Teams zu sein und damit zu einem starken Zugehörigkeitsgefühl, unabhängig davon, was der Mitarbeiter tut oder hat.

Da der *Edgeworker* seine Teammitglieder auch als Menschen bestens kennt, weiß er, was diese motiviert, antreibt und begeistert. Er schafft innerhalb des Projektes Möglichkeiten, durch die jedes Teammitglied entsprechend dieser Begeisterung und Eigenmotivation agieren kann. Er schafft Raum dafür, dass sich die jedem Teammitglied innewohnende Eigenmotivation entfalten kann, anstatt zu versuchen, durch Anreize zu motivieren und damit zu manipulieren. Um Teammitgliedern aber auch die Möglichkeit zu geben, ihr Handeln immer weiter zu verbessern, nutzt ein *Edgeworker* nicht Lob, sondern wertfreies Feedback und Coaching.

Feedback & Coaching

In der gewöhnlichen Managementkultur wird keine Unterscheidung zwischen Feedback, Lob und Tadel getroffen. Dies führt insbesondere bei der Vermischung von Feedback und Tadel bzw. Kritik dazu, dass Mitarbeiter eine Art Lernstörung entwickeln, weil sie permanent fürchten, für Fehler, die beim Lernen von neuen Verhaltensweisen unabdingbar sind, getadelt zu werden und die Führungskraft zu enttäuschen.

Folgendes Beispiel dazu: Ein Mitarbeiter gibt einem Kunden versehentlich eine falsche Preisinformation, weil er in der Produktübersicht in eine falsche Tarifgruppe gerutscht ist. Nachdem der Fehler beim Kunden aufgrund einer höheren Rechnung aufgefallen ist, beschwert sich der Kunde bei der Führungskraft. Was passiert nun im Normalfall? Die Führungskraft rennt zum Mitarbeiter und konfrontiert diesen mit den Worten: „Was haben Sie sich denn dabei gedacht? Haben Sie keine Augen im Kopf? Wie kommen Sie auf die Idee, dem Kunden so etwas mitzuteilen? Ich erwarte, dass Sie sich bei dem Kunden entschuldigen. Und passen Sie in Zukunft besser auf!“ Der Mitarbeiter wird durch so eine Standpauke von vornherein in die Enge getrieben. Selbst wenn die Führungskraft versuchen würde, danach ein Coaching mit dem Mitarbeiter durchzuführen, um Lösungen für die Zukunft zu erarbeiten, wäre dieser gar nicht offen dafür. In diesem Beispiel wird ganz klar Tadel mit Feedback verwechselt, was dazu führt, dass der Mitarbeiter komplett darauf fokussiert sein wird, in Zukunft bloß keine Fehler zu machen. Dadurch besteht die Gefahr, dass er die Bereitschaft und Neugierde verliert, etwas Neues auszuprobieren.

Feedback hingegen enthält keine Wertung und keine Beschuldigung, sondern ist einfach eine Feststellung über die Vergangenheit. Es drückt aus, was funktioniert hat und was nicht funktioniert hat. Im obigen Fall hätte die Führungskraft dem Mitarbeiter folgendes Feedback gegeben können: „Kunde XY hat mich gerade angerufen und gesagt, dass er telefonisch eine andere Preisinformation zu dem Produkt bekommen hat als auf der Rechnung. Da hat offensichtlich etwas nicht funktioniert. Würden Sie das bitte einmal nachprüfen?“ Wenn der Mitarbeiter nach seiner Prüfung dann zum Ergebnis gekommen ist, dass er in der Preisgruppe verrutscht ist, würde die Führungskraft ebenfalls wieder ohne Bewertung und Beschuldigung beginnen, den Mitarbeiter zu coachen, d.h. mit ihm gemeinsam Lösungen erarbeiten, was jetzt zu tun ist und wie dieser zukünftig solche Fehler vermeiden kann. Um nicht zu viel zu wiederholen, sei an dieser Stelle noch einmal auf *Kapitel 5: Edgeworker sorgen für eine tragfähige Feedback-Kultur* verwiesen, in welchem ausführlich erklärt wird, wie *Edgeworker* regelmäßiges Feedback und Coaching dazu nutzen, um Mitarbeiter und sich selbst ständig weiterzuentwickeln.

Grenzen setzen

Sie wären überrascht, wenn Sie wüssten, wie schwierig es für die meisten Führungskräfte und auch Mitarbeiter ist, Grenzen zu setzen und **Nein** zu sagen. Während die einen befürchten, dass die Beziehung zum Gegenüber Schaden nimmt oder vorbei ist, sobald sie klare Grenzen setzen, befürchten andere, dass sie ihren Job verlieren könnten, wenn sie dies z. B. gegenüber dem Vorgesetzten tun. Andere Führungskräfte nutzen wiederum ihre hierarchische Macht, um für Ruhe und Ordnung zu sorgen. Weil sie selbst nicht in der Lage sind, wirksame Grenzen zu setzen, versuchen sie, sich mit Druck oder Drohungen durchzusetzen.

Folgendes Beispiel veranschaulicht dies: Was passiert in der gewöhnlichen Führungskommunikation, wenn ein Mitarbeiter mehrmals zu spät kommt? Normalerweise ist es so, dass die Führungskraft zunächst versucht, den Mitarbeiter höflich zu bitten, dieses Verhalten zu unterlassen und sich an die vorgegebenen Arbeitszeiten zu halten. Wenn Sie Glück haben, hält sich der Mitarbeiter die nächsten 14 Tage daran, bevor das Spiel möglicherweise von vorne losgeht. In der zweiten Runde wird die Führungskraft dann massiver und fühlt sich gezwungen, aus ihrer Machtposition heraus zu drohen, und sagt möglicherweise so etwas wie: „Wenn Sie weiterhin unpünktlich sind, dann gibt es demnächst eine Abmahnung.“ Der Mitarbeiter beugt sich dann vielleicht diesem autoritären Druck der Drohung, hegt aber gleichzeitig massiven Groll gegen die Führungskraft und wird sie dies bei jeder Gelegenheit unbewusst spüren lassen. Insgesamt ist diese Vorgehensweise also wenig wirksam und zerstört eine vertrauensvolle Basis für die Beziehung.

Ein *Edgeworker* hat durch die Inbesitznahme seiner Wutkraft hingegen die Fähigkeit, wahrzunehmen, wann eine Grenze notwendig ist und kann diese dann auch glasklar setzen und halten. Dadurch schafft er einen sicheren Raum für das gesamte Team. Das bedeutet, eine Grenze sitzt erst dann, wenn Sie selbst die Grenze **sind**. Das heißt nicht, dass Sie laut werden müssen. Vielmehr hat es etwas mit Ihrer Absicht zu tun und damit, dass die Worte mit Hilfe der Wutkraft aus Ihrem Zentrum kommen und im Körper der anderen Person landen. Sie können es sich so vorstellen, als würden Sie einen Pfeil losschicken, der die andere Person direkt in Brusthöhe trifft. Die andere Person spürt dann körperlich, dass Sie nicht mit sich spaßen lassen. Doch Achtung: Die Absicht ist nicht, die andere Person dadurch zu „töten“, sondern eine glasklare, **spürbare** und wirksame Grenze zu setzen, weil etwas nicht in Ordnung ist und Sie dieses Verhalten nicht dulden. Machen Sie sich das wirklich bewusst! Ihre Absicht ist entscheidend, denn Ihr Gremlinanteil übernimmt sonst in Windeseile das Steuer mit den Worten: „Haha, dem werde ich es jetzt aber mal zeigen!“ Und dann schlagen Sie der anderen Person unbewusst möglicherweise mit Worten den Kopf ab, anstatt eine Grenze zu setzen.

In Worten lässt sich diese Erfahrung, eine wirksame Grenze zu setzen, nur schwer beschreiben. Wenn Sie selbst einmal in einem Training oder der Realität die Erfahrung einer wirksamen, spürbaren Grenze gemacht haben, erhalten Sie einen neuen Referenzpunkt.

Außergewöhnliche Meeting-Technologien

Die Next Culture Unternehmenskommunikation zeigt sich auch in der Art und Weise, Besprechungen durchzuführen. Für gewöhnlich laufen Meetings oft wie folgt ab:

- Es wird eine Kalender-Einladung per E-Mail verschickt.
- 70% der Teilnehmer kommen zu spät.
- Das Wichtigste ist, dass jeder mit Kaffee oder sonstigen Getränken versorgt ist.
- Je nachdem, wie reglementiert das Meeting ist, macht ein Großteil der Teilnehmer etwas anderes nebenher (sei es Arbeiten am mitgebrachten Laptop oder Smartphone oder Lesen von mitgebrachten Unterlagen).
- Diejenigen, die nichts nebenher machen, sind meist nur körperlich anwesend und rutschen im Laufe der Besprechung mit ihrer Kaffeetasse immer weiter in ihren Stuhl.
- Die Meetings dauern eine gefühlte Ewigkeit und rauben dadurch Zeit und Energie.
- Oftmals werden keine klaren Entscheidungen getroffen, die tatsächlich zu einer Roadmap führen im Sinne von: Wer macht was bis wann und trägt welche Verantwortung?
- Meist ist ein Meeting eine One-Man-Show der Führungskraft, bei der eine Person (die Führungskraft) die anderen „bespricht“, statt dass alle miteinander sprechen.

Viele Meetings sind deswegen an Langeweile nicht zu toppen, lassen die Teilnehmer genervt zurück, und die Effizienz lässt zu wünschen übrig.

Edgeworker gestalten Besprechungen auf eine andere Art und Weise. Was den außergewöhnlichen Meeting Technologien allen gemein ist, ist die Tatsache, dass der Gruppengenius genutzt wird. Der *Edgeworker* ist sich bewusst, dass die Kreativität der Gruppe größer ist als die des Einzelnen. Somit gestaltet er Besprechungen grundsätzlich interaktiv. Folgende Meeting-Technologien bringt er zum Beispiel zum Einsatz, je nachdem, was die Notwendigkeit verlangt:

- **M.E.S.S. (Mayan Extraordinary Synergy System)**
  Ziel: Nutzung von kreativem Gruppen-Chaos, um über eine spezifische Fragestellung oder das Team ein neues Verständnis zu erlangen. (Für mittelgroße bis große Gruppen von 20 bis 100 Personen.)

- **Das Problem ist die Lösung**
  Ziel: Dieser Prozess benutzt individuelle Vielfalt als Werkzeug, um die schwierigsten Probleme einer Organisation in Gebrauchsanweisungen für bessere Lösungen zu verwandeln. Fehler bergen dadurch einen Wert und werden zur Weiterentwicklung genutzt. (Für kleine und mittelgroße Gruppen von 5 bis 50 Personen.)

- **Swarm Source**
  Ziel: Ermächtigung des Teams, durch einen unvorhersehbaren, kreativen Prozess neue, nichtlineare Lösungen für eine Fragestellung oder mögliche Struktur zu finden. (Für kleine Gruppen von 3 bis 15 Personen.)

- **World Café**
  Ziel: Die interaktive Freisetzung der Intelligenz verschiedener Gruppen in einem Raum, in deren Verlauf drei aufeinanderfolgende Unterhaltungen zur gleichen Fragestellung geführt werden, deren Ergebnisse dann der gesamten Gruppe mitgeteilt werden. (Für kleine Gruppen von 4 bis 6 Personen pro Unterhaltung bei unbegrenzter Gesamtpersonenanzahl.)

- **Open Space**
  Ziel: Mit Hilfe der chaordischen Intelligenz gleichzeitiger, selbst organisierter Sitzungen werden Fragen oder Belange zur Sprache gebracht und

dann die Ergebnisse der gesamten Gruppe mitgeteilt. (Keine Limitierung der Gruppengröße.)

- **Möglichkeits-Team**
  Ziel: Durch schnelles Lernen und GEWINNEN GESCHIEHT wird der Schöpfergeist einer Gruppe erschlossen, insbesondere durch Rollenspiele in Echtzeitsituationen mit Go! Beep! Shift! und Go! Diese Technologie bietet ein ultrasicheres Umfeld, um möglichst viele Fehler ohne Konsequenzen machen zu können. (Kleine Gruppen von 4 bis 6 Personen bis zu einer Gesamtpersonenanzahl von 50 Personen.)

- **Dialog**
  Ziel: Über ein Thema sprechen, ohne Zeit und Energie durch Argumentation und Diskussion zu verlieren. (Für kleine Gruppen von bis zu 15 Personen.)

- **Bratpfanne**
  Ziel: Konfliktlösung zwischen unterschiedlichen Personen oder Positionen im Team durch authentische Kommunikation, die durch einen Raumhalter navigiert wird. (Für mittlere und große Gruppen ab 10 Personen.)

- **Fish Bowl**
  Ziel: Durch eine kleinere repräsentative Auswahl von wechselnden Personen aus der ebenfalls anwesenden Gesamtgruppe wird die Intelligenz der ganzen Gruppe optimiert, um unterschiedliche Aspekte zu einem Thema gemeinsam zu erörtern. Hinderliche Dominanzverhältnisse werden sichtbar und ausgeschaltet. (Für mittlere und große Gruppen ab 10 Personen.)

Eine detaillierte Beschreibung dieser und weiterer ungewöhnlicher Meeting-Technologien würde den Rahmen dieses Buches sprengen. Wichtig ist an dieser Stelle, dass Sie wissen, dass es Alternativen gibt, die ein *Edgeworker* regelmäßig nutzt, um außergewöhnliche Resultate zu erzielen.

Kapitel 9:

Edgeworker sehen Probleme und Konflikte als Gelegenheiten

Problembesitztum

Die Arbeit eines *Edgeworkers* ist – neben der Kommunikation – unter anderem auch deshalb so effektiv, weil er Bewusstheit über das *Problembesitztum* hat. Das bedeutet, dass er in jeder Situation Klarheit darüber hat, ob ein Problem existiert und wenn ja, wessen Problem es ist.

Gibt es ein Problem, bleiben nur zwei mögliche Varianten. Entweder Sie haben ein Problem oder eine andere Person hat ein Problem.

Ich habe ein Problem

Wenn Sie ein Problem haben, dann können Sie damit machen, was Sie wollen. Sie können es lösen, ausschmücken, größer machen und entscheiden, wie lange Sie es behalten möchten. Entscheidend ist, zunächst einmal festzustellen, dass Sie ein Problem haben. Das bedeutet, Sie – und nur Sie – haben Verantwortung für dieses Problem zu tragen. Verantwortung zu übernehmen, würde in diesem Fall bedeuten, eine Entscheidung zu treffen. Wenn Sie das Problem lösen können, dann lösen Sie es.

Oftmals verwenden Manager Energie und Zeit darauf, das Problem vor sich herzuschieben, es hin und her zu wälzen oder es liegenzulassen, in der Hoffnung, dass es sich von selbst löst. Einige nutzen ein Problem auch, um Aufmerksamkeit auf sich zu ziehen, indem sie Opfer des Problems sind.

Edgeworker hingegen schaffen Klarheit. Hat der *Edgeworker* selbst ein Problem, so geht er verantwortlich damit um und sieht es als Gelegenheit, um kreative Lösungen zu generieren. Kann er sein Problem nicht selbst lösen, ist es für ihn selbstverständlich, andere um Unterstützung zu bitten. Er sieht sich als Teil des Teams und lebt kreative Zusammenarbeit mit den Kollegen.

Sieht sich der *Edgeworker* einem Problem gegenüber, das – selbst mit Unterstützung des Teams – nicht lösbar ist, übernimmt er in dem Maße Verantwortung, dass er betroffene Projekte oder Ziele unter Umständen revidiert oder komplett anders ausrichtet. Hier zeigt sich erneut die Flexibilität eines *Edgeworkers*. Er hält nicht krampfhaft an Zielen fest, die z. B. zu Jahresbeginn vorgegeben wurden, sondern agiert flexibel in Bezug auf die gegenwärtigen Umstände.

Interessant wird es, wenn die Lösung eines Problems dazu führt, dass eine andere Person ein Problem hat. Wenn beispielsweise zwei Mitarbeiter aus dem gleichen Bereich gleichzeitig Urlaub nehmen möchten, dies aber aus Unternehmenssicht nicht möglich ist, dann kann dies bedeuten, dass der Vorgesetzte, Klarheit in Form einer Entscheidung schafft und einem Mitarbeiter den Urlaubsantrag verweigert. Die Folge kann wiederum sein, dass der betroffene Mitarbeiter dann ein Problem mit dieser Entscheidung hat. Selbst wenn beide Mitarbeiter einen Vorschlag zur Einigung einbringen, ist eine finale Entscheidung notwendig. Selbst dann kann es dazu kommen, dass einer der beiden – möglicherweise auch unbewusst – damit ein Problem hat. Sobald Sie jedoch eine Entscheidung getroffen oder eine Grenze gesetzt haben, ist es nicht mehr Ihr Problem. Wenn jemand anderes allergisch auf Ihre Entscheidung reagiert, wessen Problem ist es dann?

Eine andere Person hat ein Problem

In der Zusammenarbeit von Teams oder Abteilungen wird heutzutage häufig keine Unterscheidung getroffen, wem ein Problem gehört. Im oberen Abschnitt haben Sie erfahren, was Sie tun können, wenn Sie selbst ein Problem haben. Wenn eine andere Person hingegen ein Problem hat, dann lassen Sie diese Person ihr Problem haben. Sobald Sie versuchen, das Problem dieser Person ungefragt zu lösen – und sie dadurch zu retten – muss sich die Person ein neues Problem suchen, um zu lernen, was sie zu lernen hat.

Wenn ein Mitarbeiter dem Vorgesetzten z. B. von einem Problem erzählt, könnte der Vorgesetzte dazu tendieren, es automatisch zu seinem Problem zu machen und zu versuchen, es für den Mitarbeiter zu lösen. Dadurch nimmt der Vorgesetzte seinem Mitarbeiter die im Problem enthaltene Lernerfahrung und die Möglichkeit, sich zu entwickeln. Ein respektvoller Umgang mit einer Person, die ein Problem hat, wäre, ihr zunächst einmal zuzuhören und – falls sie nicht selbst um Hilfe bittet – sie anschließend höchstens zu fragen, ob sie

Möglichkeiten braucht. Viele Führungskräfte glauben, dass ihre Position die Annahme beinhaltet, alle Probleme lösen zu müssen. Diese Annahme verleitet sie oftmals dazu, Probleme von Mitarbeitern zu ihren eigenen zu machen. Hier ein Beispiel:

- Mitarbeiter: „Es gibt ein Problem. Der Zulieferer kann voraussichtlich nicht pünktlich liefern und uns droht Bandstillstand."
- Vorgesetzter: „Was? Geben Sie mir mal die Nummer von der Geschäftsführung, dann werde ich da mal sofort nachtelefonieren und Druck machen."

Der Mitarbeiter hat zunächst einmal nur die Fakten mitgeteilt. Statt das Problem direkt an sich zu reißen, könnte der Vorgesetzte in diesem Beispiel erst eine Vollendungsschleife machen, um zu erfahren, ob der Mitarbeiter tatsächlich Unterstützung benötigt, oder vielleicht sogar selbst schon eine Lösung parat hat. Das wäre Ermächtigung.

Es gibt kein Problem

Die *Landkarte des Problembesitztums* zeigt einen dritten Bereich, der mit *Es gibt kein Problem* beschriftet ist. Können Sie sich das vorstellen, dass es kein Problem gibt?

Der Fokus vieler Mitarbeiter liegt oftmals auf Problemen. Anstatt herausfordernde Situationen als Gelegenheiten für Wachstum, Kreativität, Möglichkeit und Teamwork zu sehen, hoffen sie, durch ein Problem mehr Aufmerksamkeit zu bekommen. Probleme werden manchmal sogar dazu benutzt, keine Verantwortung übernehmen zu müssen.

Kein Problem zu haben hat zur Folge, dass Ihre Energie nicht mehr dadurch verlorengeht, dass Sie ein niederes Drama in Bezug auf ein vermeintliches Problem inszenieren. Stattdessen können Sie klar, präsent und authentisch mit anderen in Kontakt sein. Das wiederum kann sehr intensiv werden. Genau das ist jedoch ein Problem für Ihren Gremlin. Er kann es kaum aushalten, wenn es kein Problem gibt, denn schließlich ist er der König Ihrer Schattenwelt und damit des niederen Dramas. In den Momenten, in denen es kein Problem gibt, ist somit hohe Wachsamkeit in Bezug auf Ihren Gremlin geboten, da er versucht sein wird, in Lichtgeschwindigkeit ein Problem heraufzubeschwören, um den intensiven Kontakt zu zerstören.

LANDKARTE DES PROBLEMBESITZTUMS

WESSEN PROBLEM IST ES?

ICH HABE EIN PROBLEM

ES GIBT KEIN PROBLEM

DER ANDERE HAT EIN PROBLEM

Wenn Sie ein Problem haben, heißt es nicht, dass der Andere ein Problem hat. Wenn der Andere ein Problem hat, heißt es nicht, dass Sie ein Problem haben. Lassen Sie den Anderen sein eigenes Problem haben. Er hat hart dafür gearbeitet. Ein *Edgeworker* übernimmt Verantwortung für seine eigenen Probleme. Beim Umgang mit Problemen lernen Sie, was Sie lernen müssen. Indem Sie sich darüber klar sind, wessen Problem es ist, entdecken Sie einen interessanten Ort, an dem es kein Problem gibt. Dieser Ort könnte größer sein, als Sie denken.

Landkarte 30: Problembesitztum

Es gibt kein WIR, wenn es um Verantwortung geht

Möglicherweise wundern Sie sich, dass in der *Landkarte des Problembesitztums* kein Bereich mit dem Titel *Wir haben ein Problem* erscheint.

Wie oft fallen in Besprechungen Sätze wie: „Wir haben ein Problem“ oder „Wir müssen das lösen“. Die Annahme, dass es ein gemeinschaftliches Problem gibt, führt in der Regel dazu, dass sich keiner im Team verantwortlich fühlt, das Problem tatsächlich zu lösen. Stattdessen vertraut jeder darauf, dass ein Anderer es schon machen wird. Sie kennen vielleicht die beliebte, etwas ironische Bedeutung des Wortes TEAM: **T**oll, **E**in **A**nderer **M**acht’s.

„Wir haben ein Problem“ beinhaltet keine Klarheit darüber, in wessen Verantwortung das Problem liegt. Stattdessen versteckt sich jeder Einzelne hinter dieser Unklarheit und hofft, dass es schon irgendjemand lösen wird. Tatsache ist jedoch, dass es kein **Wir** gibt, wenn es um Verantwortung geht. Es gibt kein **Wir** in Bezug auf Problembesitztum. Das heißt nicht, dass von einem Problem nicht mehrere Personen betroffen sein können. Dennoch muss jede Person ihren individuellen Teil an Verantwortung übernehmen, um zur Lösung beizutragen.

Ein *Edgeworker* trifft die klare Unterscheidung, ob es ein Problem gibt und – falls ja – wem ein Problem tatsächlich gehört. Er lässt keine Unklarheit in Bezug auf die individuelle Verantwortung des Einzelnen im Team zu. Er schafft Klarheit, wer für welches Problem die Verantwortung trägt. Die klare Unterscheidung von Problembesitztum ermöglicht einem *Edgeworker*, jederzeit effektiv und fokussiert zu bleiben und sich nicht zu verzetteln.

Konflikte als Möglichkeit

Mit Problemen gehen oft auch Konflikte zwischen Personen einher. Solche Konflikte stellen in der Regel Zeit- und Energieräuber in Unternehmen dar und sind ein Beispiel für niederes Drama par excellence. Es geht darum, eine Position zu verteidigen, Recht zu haben und zu gewinnen. Konflikte werden gewöhnlich als negativ betrachtet. Führungskräfte versuchen daher oftmals, Konflikte zu vermeiden, aus Angst vor der eigentlichen Konfrontation und davor, am Ende womöglich als Verlierer dazustehen. Wenn es einen Konflikt gibt, dann wird er idealerweise hinter verschlossenen Türen ausgetragen. Das Thema Konflikte wird so zu einem Tabuthema in Unternehmen. Obwohl unzählige Konfliktmanagement-Methoden und -Seminare am Markt angeboten werden, besteht die beschriebene Situation der Konfliktvermeidung nach wie vor. Das liegt wiederum daran, dass die neuen Methoden im bisherigen gewöhnlichen Kontext angewandt werden, anstatt zunächst einen neuen Kontext zu erzeugen, der eine komplett neue Sichtweise auf Konflikte erlaubt.

Die negative Sicht auf Konflikte und die sich daraus ergebende Scheu, Konflikte anzugehen, führt dazu, dass Führungskräfte und Mitarbeiter versuchen, einen Konflikt zunächst zu ignorieren, ihn abzuschwächen oder zu hoffen, dass er sich von selbst erledigt. Genau dadurch eskaliert oder verschärft sich der Konflikt jedoch. Durch die Konfliktscheue passiert somit das, was die Beteiligten hoffen zu vermeiden: die Verhärtung oder Eskalation des Konflikts.

Edgeworker haben eine völlig andere Perspektive auf Konflikte. Sie sehen Konfliktsituationen als Wachstums-Chance und als Katalysator für Evolution. Für sie stellt ein Konflikt kein Problem dar, sondern die Lösung des Problems. Konflikte sind für *Edgeworker* zunächst nichts anderes als Indikatoren für Veränderungsnotwendigkeit.

Ein Konflikt entsteht durch unterschiedliche Realitäten, d.h. Sichtweisen, Positionen, Ziele, Haltungen etc., die zeitgleich im Raum sind. Diese Spannung zwischen den unterschiedlichen Realitäten enthält eine Energie, die der *Edgeworker* nutzt, um eine Möglichkeit zu kreieren, welche die unterschiedlichen Positionsverhaftungen auflöst. Für ihn ist diese Spannung nichts anderes als Energie, die er nutzen kann, um alle Beteiligten auf die nächste Ebene der gemeinsamen Entwicklung zu bringen. Ein *Edgeworker* nutzt diese Spannungen als Sensoren in dem Bewusstsein, dass ein Unternehmen ohne diese Sensoren nicht in der Lage ist, zu navigieren. Dabei ist er sich ständig darüber bewusst, dass diese Entwicklung für alle Beteiligten bedeutet, die persönliche Komfortzone zu verlassen. Mit dieser Sensibilität im Hintergrund ist er in der Lage, durch beziehungsfördernde Kommunikation alle am Konflikt Beteiligten ins Boot zu holen.

Auch die Natur nutzt dieses Potenzial, das im Ausgleich eines Konflikts – also der Spannung zwischen zwei Zuständen oder Polen – steckt. Beispiele hierfür sind Gewitter, der Vorgang der Osmose oder auch der Prozess der Evolution von Lebewesen, der zu einer Anpassung an ein sich änderndes Umfeld führt. Auch bei der Stromerzeugung wird die Spannung zwischen zwei Polen genutzt. In der Harmonie selbst steckt keine Energie. Erst die Spannung, die eine Differenz darstellt, erzeugt die Notwendigkeit des Ausgleichs und damit die Energie zur Veränderung. Die Natur vermeidet Spannung nicht, sondern nutzt die in der Spannung enthaltene Energie für den Ausgleich. Der Konflikt entspricht somit einem Naturgesetz. Leben und Evolution ohne Spannung und Konflikte wäre nicht möglich! Insofern sind Konflikte Katalysatoren für Evolution!

Auch der *Edgeworker* nutzt Konflikte als Katalysator für Evolution, beispielsweise dafür, um gemeinsam mit allen Beteiligten Klarheit zu schaffen, Missverständnisse auszuräumen, Umstände zu verändern, die nicht mehr nützlich sind, ein Team zusammenzuweben, aus dem Nichts neue Perspektiven aufzuzeigen und nichtlineare Lösungen zu finden.

Darüber hinaus gebraucht ein *Edgeworker* seine Gefühle aktiv dazu, Konfliktpotenziale in seinem Umfeld frühzeitig wahrzunehmen. Er schiebt Konflikte nicht auf die lange Bank, sondern geht sie direkt und verantwortlich an.

Im Folgenden finden Sie eine Übersicht über die unterschiedlichen Sichtweisen in Bezug auf Konflikte.

LANDKARTE DER KONFLIKTE – ALTE & NEUE SICHT

Konflikt - traditionelle Sichtweise	Konflikt - neue Sichtweise
= Gegeneinander kämpfen	= Katalysator für Evolution
Ist ein Problem	Das Problem ist die Lösung
Ist unverantwortlich	Ist verantwortlich
Man ist ohnmächtig, man kann nichts tun	Gibt Energie zum Handeln
Ist ein persönlicher Angriff	Holt aus der Komfortzone heraus
Streit, Verhärtung	Ist das Salz in der Suppe
Sollte man nicht haben, ist ein Tabu	Lebendig, gehört zum Leben
Angst vor Trennung/vor Verlust der Beziehung	Schafft Gemeinsamkeit
Bedeutet Scheitern	Bedeutet Evolution
Ist negativ	Ist neutral
Heißt, man hat es nicht im Griff	Ist der Raum zwischen zwei Zuständen
Bringt Sand ins Getriebe	Bringt Dinge weiter
Läuft unterschwellig ab, d.h. ist gefährlich	Weckt auf
Führt zu Krieg	Aktiviert den Krieger in uns
Beinhaltet Eskalationspotenzial	Eskalation bedeutet: mehr Energie für Veränderung
Ist anstrengend	Bringt Schöpferkraft, bedeutet Kreativität
Angst vor Schmerz und Zurückweisung	Sorgt für Entwicklung
Angst zu verlieren	Wachstumschance
Ist ein Makel / eine Schwäche	Ist eine Notwendigkeit
Muss hinter verschlossenen Türen ausgetragen werden	Gewitter reinigt die Luft, bringt Klarheit
Ist unangenehm	Führt zu Entscheidungen
Ohnmacht, Opfer	Indikator für Veränderungsnotwendigkeit
Es geht um Recht haben	Natur nutzt die Spannung als Sprungbrett auf die nächste Ebene
Basiert auf Verteidigung von Positionen, d. h. ist boxgeneriert	Aktiviert das Prinzip „Ausgleich“ oder „Harmonie“

Landkarte 31: Konflikte – Alte und neue Sicht

Auf welcher Seite der Landkarte stehen Sie?

Kapitel 10:

Edgeworker hinterfragen vorherrschende Strukturen

Möglicherweise sind Sie der Ansicht, dass Sie die Umstände in dem Unternehmen, in dem Sie arbeiten, gar nicht oder nur bedingt ändern können, da die Regeln, nach denen gespielt wird, von anderen Personen – beispielsweise dem Inhaber, den Vorständen oder den Geschäftsführern – bestimmt werden. In dem Moment, in dem Sie jedoch diese Haltung einnehmen, geben Sie die Ihnen innewohnende Kraft ab, Dinge in Ihrem Umfeld aktiv und eigenverantwortlich zu gestalten.

Die Notwendigkeit, Regeln zu brechen

Ein *Edgeworker* ist jederzeit bereit, vorgegebene Regeln zu hinterfragen oder gar zu brechen, sofern sie sich als nicht tragfähig oder als nicht dem gemeinsamen Ziel dienlich herausstellen. Das kann bedeuten, dass er in der Lage sein muss, unter Umständen auch einer offiziellen Autorität gegenüber eine Grenze zu setzen. Möglicherweise löst dieser Gedanke einen ziemlichen Widerstand in Ihnen aus, kombiniert mit der Frage: „Moment – ich soll meinem Vorgesetzten direkt ins Gesicht sagen: *‚So nicht! Das ist nicht in Ordnung! Das unterstütze ich nicht!'*?" Dieser Gedanke ist verständlich, da solch ein Verhalten eng verknüpft ist mit dem möglichen Verlust der eigenen Position. Im gewöhnlichen Kontext sind die Regeln zu befolgen, die von oben vorgegeben werden.

Stellen Sie sich jedoch vor, was verloren gegangen wäre, wenn sich ein gewisser Spencer Silver, ehemaliger Wissenschaftler bei der Firma 3M und letztendlich sein Kollege Art Fry, Erfinder der Post-its, damals an die Regeln gehalten hätten. Dann gäbe es heute wahrscheinlich nicht diese praktischen kleinen gelben Klebezettel. Hier die Geschichte dazu:

„1968 beschäftigte sich Spencer Silver *von der* Minnesota Mining and Manufacturing Company *(3M) mit der Entwicklung eines neuen Superklebers, welcher stärker als alle bekannten* Klebstoffe *werden sollte. Das Ergebnis seiner Arbeit war jedoch nur eine klebrige Masse, die sich zwar auf allen Flächen auftragen ließ, jedoch auch genauso leicht wieder abzulösen war. Das einzige Produkt, das sich daraus entwickelte, war eine Art* Pinnwand, *die jedoch ohne Pins auskommen sollte. Das Board wurde mit dem Klebstoff bestrichen, so dass sich Zettel einfach darauf kleben und wieder ablösen ließen. Da sich dieses Board nur schlecht verkaufte, wurde es vom Markt genommen und die Erfindung von Spencer Silver geriet in Vergessenheit.*

Jahre später, 1974, ärgerte sich Art Fry, *Mitglied eines* Kirchenchors *und ein Kollege Spencer Silvers, darüber, dass ihm seine* Lesezeichen *im Stehen ständig aus den Notenheften herausfielen. Er erinnerte sich an die Erfindung seines Kollegen und holte sich eine Probe des Klebers aus dem* Labor. *Er trug den Kleber auf kleine Zettel auf und erprobte seine Erfindung gleich am nächsten Sonntag in der Kirche. Und tatsächlich hafteten seine Lesezeichen zuverlässig, ließen sich aber dennoch leicht lösen, ohne die* Notenblätter *zu zerstören. Die Post-its waren erfunden." (Quelle: Wikipedia, November 2014)*

Art Fry interessierte es nicht, dass die Firma das Produkt Spencers zum Flop erklärt hatte.

Um allgemein anerkannte Regeln bzw. Entscheidungen zu brechen oder Dinge anders anzugehen, als es der gewöhnliche Kontext vorschreibt, ist eine Haltung notwendig, die in gewissem Maße der Piraterie gleicht. Ein *Edgeworker* ist somit auch ein Pirat. *(Erinnerung der Autorinnen: Das Wort Pirat ist hier keine Anspielung auf die gleichnamige deutsche Partei. Vielmehr ist dieses Wort in Anlehnung an die Figur des Captain Jack Sparrow aus dem Film „Fluch der Karibik" gewählt).* Piraten geben sich nicht einfach mit den gegebenen Umständen oder der anerkannten Realität zufrieden. Sie erfinden in dem Moment, in dem es notwendig wird, eine neue Realität, statt sich von den gegebenen Umständen gefangen nehmen zu lassen. *Edgeworker* verfügen gleichermaßen über diese Eigenschaft, nutzen sie jedoch bewusst und verantwortlich für einen höheren Zweck.

Dies ist die Basis für Innovation und das Beschreiten von Neuland. Neuland betreten heißt für einen *Edgeworker* auch, jederzeit authentisch zu sein. Das bedeutet, er hat Klarheit darüber, was für ihn akzeptabel ist und was nicht akzeptabel ist.

Grundsätzlich gibt es Dinge, die für Sie akzeptabel sind und solche, die es nicht sind. Möglicherweise verhalten Sie sich jedoch so, als akzeptierten Sie Dinge, obwohl Sie sie eigentlich nicht akzeptieren. Das nennt sich falsche Akzeptanz. In dem Moment, wo Sie so handeln, als akzeptierten Sie etwas, was Sie in Wirklichkeit nicht akzeptieren, sind Sie nicht authentisch.

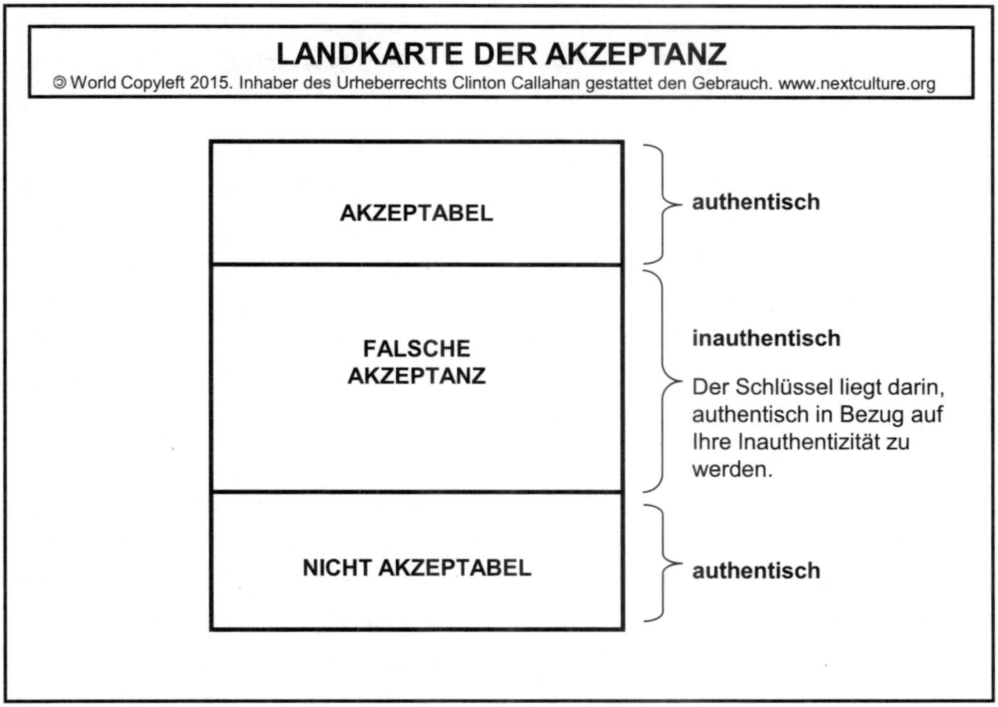

Landkarte 32: Akzeptanz

Sie kennen sicher Personen, die **Ja** sagen, wenn sie **Nein** meinen, bzw. **Nein** sagen, wenn sie **Ja** meinen. In der Unternehmenswelt ist es üblich und wird als nützlich angesehen, sein Fähnchen nach dem Wind zu stellen, um die Gunst der Machthaber für sich zu gewinnen. Authentizität hat dabei oftmals keinen Platz.

Für einen *Edgeworker* steht Authentizität hingegen an oberster Stelle. Er verbiegt sich nicht, um es anderen Recht zu machen oder in ihrer Gunst zu stehen. Er ist sich über den Bereich der falschen Akzeptanz bewusst und achtet darauf, in jedem Moment Klarheit darüber zu haben, was für ihn akzeptabel ist, was nicht akzeptabel ist, dies entsprechend zu kommunizieren und die Konsequenzen zu tragen.

Das Entstehen einer Bewegung durch das Erzeugen von Legenden

Die vorherrschenden Strukturen in Unternehmen sehen vor, dass Mitarbeiter bestmöglich ihre Aufgaben laut Aufgabenbeschreibung erledigen und Führungskräfte entsprechend dafür verantwortlich sind, dies sicherzustellen. Gewöhnliche Hilfsmittel dafür sind Vorgaben, Statusberichte und Zielerreichungskontrollen. Dabei bleibt ein Großteil des in jedem Menschen innewohnenden Potenzials jedoch ungenutzt.

Ein Hauptfaktor, dieses ungenutzte Potenzial zur Entfaltung zu bringen, liegt darin, Begeisterung und Inspiration in den Mitarbeitern zu entfachen. Und genau dies tun *Edgeworker*. Sie sind in der Lage, über ihre Vision eine Legende zu erzeugen, welche Teammitglieder auf eine Art und Weise begeistert, dass diese ihre Ressourcen gerne dafür einsetzen. In den Teammitgliedern entsteht dadurch der Wunsch, Teil dieser anziehenden Vision zu sein. So entsteht eine Bewegung aus einer Gruppe von inspirierten Menschen. Diese Bewegung kann so ansteckend sein oder werden, dass immer mehr Menschen sich dieser Bewegung anschließen.

Vielleicht fragen Sie sich, wie eine Führungskraft innerhalb einer gegebenen Organisation eine solche Bewegung in Gang setzen kann. Hier ein Beispiel:

Eine Projektleiterin eines mittelständischen Unternehmens hatte die Vision, ein neues Meeting-Format in ihrer Firma zu etablieren. Die Idee war, in diesem Meeting den Genius von Mitarbeitern aus verschiedensten Abteilungen zu nutzen, um kreative Lösungsansätze für Herausforderungen in Bereichen zu finden, welche die betroffenen Mitarbeiter aufgrund der Abteilungsblindheit nicht in Erwägung zogen. Es sollte ein kreatives Möglichkeits-Meeting sein. Eines Tages bekam die Projektleiterin kurzfristig die Verantwortung für ein monatliches Berichts-Meeting übertragen, da ihr Chef krankheitsbedingt ausfiel. Der Vorstand, zu dessen Information diese Besprechung gedacht war, fiel ebenfalls unerwartet aus. Es war jedoch zu spät, um das Meeting abzusagen. So erschienen 12 Vertreter aus verschiedenen Abteilungen. Die Projektleiterin nutzte sofort diese Gelegenheit und eröffnete die Besprechung mit den Worten: „Diese Besprechung wird heute etwas anders verlaufen als bisher." Sie erklärte, wie das Möglichkeits-Meeting ablaufen würde und stellte den Kollegen anschließend frei, zu bleiben oder den Raum zu verlassen. Alle blieben. Zunächst traute sich niemand, um Unterstützung und Möglichkeiten zu bitten. Es war eine Hemmschwelle spürbar, da die Kollegen mit der Bitte um Unterstützung zugeben mussten, dass sie etwas nicht alleine lösen können. Doch schließlich begann ein mutiger Kollege damit, seine aktuelle Herausforderung zu beschreiben. Als dies geschehen war, begannen alle anderen Bereichs-fernen Kollegen, die spontan aufkommenden Ideen und Möglichkeiten auszusprechen. Die Projektleiterin fungierte als Raumhalterin für das Erschaffen dieser Möglichkeiten und hielt die Impulse an einem Whiteboard fest. So ging es reihum. Jeder Teilnehmer, konnte seine Herausforderung schildern und das gesamte Team um Möglichkeiten bitten. Der Effekt und die Fülle an Möglichkeiten waren so überwältigend, dass sich anschließend alle Kollegen einig waren, diese Art Möglichkeits-Meetings mindestens alle zwei Monate fest einzuplanen und weitere spontane Möglichkeits-Meetings bei Bedarf anzusetzen. Im Anschluss an die Besprechung entstand eine Legende in der Form, dass die anwesenden Mitarbeiter ihren Kollegen wiederum von ihrem Erlebnis berichteten. Durch die persönliche wertvolle Erfahrung hatten sie einen neuen Referenzpunkt. Innerhalb weniger Wochen entstand dadurch eine Bewegung, so dass weitere inspirierte Kollegen dieses Möglichkeits-Meeting ausprobierten. Heute ist diese Meeting-Form fester Bestandteil in dem Unternehmen.

Bewegung entstehen zu lassen bedeutet nicht, dass der *Edgeworker* irgendeine großartige Geschichte über seine Vision erzählt, die er gar nicht anstrebt. Es hat auch nichts mit Manipulation zu tun. Vielmehr kann der *Edgeworker* den Teammitgliedern eine Vision vermitteln, in der sich jeder Einzelne wiederfindet, weil die Vision dem Unternehmen, den Menschen und der Erde gleichermaßen dient. Dabei geht es nicht darum, in einem Riesenkonzern Tausende von Mitarbeitern zu begeistern und in diese Bewegung einzubeziehen. Damit Transformation in einem Unternehmen stattfinden kann, ist es ausreichend, z. B. auch in einer Abteilung eine Bewegung zu erzeugen, neue Dinge auszuprobieren und so weitere Mitarbeiter oder Bereiche zu inspirieren. Anschließend wird diese Bewegung dann – wie bei einem Schneeballsystem – ihre Kreise ziehen. Es kann durchaus herausfordernd sein, solch eine Bewegung in Gang zu bringen und es besteht die Möglichkeit, dass Sie dabei auch an Grenzen stoßen. Ein *Edgeworker* lässt sich jedoch davon nicht abhalten, sondern setzt sich für die Vision und die Bewegung ein.

LANDKARTE DER ENTSTEHUNG EINER BEWEGUNG

Vision des *Edgeworkers*

↓

Legende über die Vision erzeugen

↓

Begeisterung der Kollegen (Phase des „Andockens")

↓

Freiwillige, verantwortliche Unterstützung durch Kollegen

↓

Entstehung einer Bewegung

Landkarte 33: Entstehung einer Bewegung

Teil einer Bewegung zu sein, entspricht in gewisser Weise einer Grundmotivation des Menschen, da es darum geht, Teil eines Stammes zu sein und damit ein Zugehörigkeitsgefühl und eine Art Heimat zu haben. Durch die Vision, die Begeisterung und die Bewegung entstehen genau dieses Zugehörigkeitsgefühl und das Gefühl von Sinnhaftigkeit des eigenen Tuns, welches im gewöhnlichen Kontext, der durch rationales Vorgehen, Logik und Profitstreben gekennzeichnet ist, selten entsteht. Hier fühlen sich Mitarbeiter oft als eine Nummer, ein kleines Rädchen im Getriebe oder als eine funktionierende Ressource, die nach vorgegebenen Maßstäben gemanagt werden muss. Wofür sollten sich Mitarbeiter dabei mit ihrem vollen Potenzial einsetzen?

Next Culture Personalentwicklung

Mitarbeiter zu managen entspringt dem traditionellen Kontext und führt in Zeiten schnellen Wandels zu Problemen – auch in Bezug auf die Personalentwicklung. Personalentwicklung dient im hierarchischen Kontext hauptsächlich dem Unternehmen. Der Fokus liegt darauf, dass das Unternehmen letztendlich mehr Profit macht, noch mehr Kunden in noch kürzerer Zeit akquiriert, oder neue, potentielle Führungskräfte geformt werden, die den bestehenden Strukturen – und damit dem gewöhnlichen Kontext – entsprechen. Daher wird oft versucht, Veränderungen mit Methoden einzuleiten, die zwar neu, aber genormt sind, um allen Mitarbeitern mit demselben Konzept gerecht zu werden.

Die entscheidende Frage ist jedoch: Wie kann sich eine Firma verändern und weiterentwickeln, wenn der Mensch nicht als Mensch betrachtet wird? Wenn versucht wird, den Mitarbeitern logisch etwas beizubringen, anstatt sie dort abzuholen, wo sie stehen? Wie kann nachhaltiger Wandel vollzogen werden, wenn die Mitarbeiter als unspezifische Masse behandelt werden? Und wie kann vor allem nachhaltige Mitarbeiterentwicklung erfolgen, wenn der Vorgesetzte die Entwicklung vorgibt?

Viele Unternehmen bieten ihren Mitarbeitern zwar Schulungen oder andere sogenannte Entwicklungsmaßnahmen und Incentives an, doch idealerweise nur in dem Maße, dass sie motiviert sind, jedoch nicht zu sehr ermächtigt werden und womöglich aus der Reihe tanzen. Kontrollierte Potenzialentfaltung in Maßen.

Die Entwicklungsangebote, die in den meisten Firmen in Anspruch genommen werden können, sind für die Mitarbeiter vor allem eines: bequem. Der Arbeitgeber zahlt und nicht wenige Mitarbeiter sehen Personalentwicklung und Trainings als nette Auszeit auf Kosten der Firma. (Stellen Sie sich beispielsweise einmal die Frage, wie viele Mitarbeiter tatsächlich bereit wären, ein Wochenende zu opfern für Entwicklungsmaßnahmen, die vom Arbeitgeber gezahlt werden). Darüber hinaus müssen die Teilnehmer nach erfolgten Seminaren in der Regel weder Verantwortung übernehmen, noch sich nachhaltig verändern. Personalentwicklung basiert vielfach auf Logik, auf bereits bekannten Methoden, die vermittelt werden, und darauf, dass sich der Mitarbeiter wohlfühlt und eine gute Zeit hat. Fortbildungsmaßnahmen sind meistens auf das beschränkt, was erlernbar ist und vom Mitarbeiter verstanden werden kann. Die Unternehmen bzw. die Vorgesetzten, die mit einem Mitarbeiter nach erfolgter Entwicklungsmaßnahme tatsächlich einen Rückblick machen, wie das Erlernte sofort und nachhaltig in den Arbeitsalltag integriert werden kann, bilden die Ausnahme.

Sicherlich gibt es zahlreiche Menschen, die gerne Weiterbildungsmaßnahmen ihres Unternehmens in Anspruch nehmen und sogar verärgert sind, wenn sie diese nicht bekommen. Mitarbeiterentwicklung hat jedoch vielfach einen schalen Beigeschmack, da die Maßnahmen nicht selten vom Vorgesetzten vorgegeben werden, der Schwachstellen beim Mitarbeiter sieht. Die Botschaft, die unterschwellig vermittelt wird, ist: „Du bist nicht in Ordnung, also musst du dich verändern, damit du den Vorstellungen der Firma entsprichst und Ziele besser erreichst." Viele Mitarbeiter werden so zu Entwicklungsmaßnahmen verdonnert. In den wenigsten Fällen hat Personalentwicklung etwas mit Eigenverantwortung und freier Entscheidung zu tun, sondern vielmehr mit Fremdbestimmung und Pflicht.

Das bringt wiederum den nächsten Haken mit sich. Mitarbeiter, denen zu einer Entwicklungsmaßnahme geraten wird, die sich jedoch aus eigener Initiative gar nicht verändern möchten, haben eine ganz bestimmte Haltung, die eine nachhaltige Entwicklung an sich unmöglich macht. Die Haltung lautet: „*Wasch mich, aber mach mich nicht nass*." Das bedeutet konkret, dass Entwicklung zwar auf einer oberflächlichen Ebene akzeptiert wird, tiefgreifende Erkenntnisse, das Lösen persönlicher Blockaden und damit nachhaltige persönliche Veränderung jedoch nicht erwünscht sind, denn das könnte kurzfristig unbequem für den Mitarbeiter sein. Die Erfahrung zeigt, dass genau an dem Punkt, an dem tatsächliche Veränderung möglich wäre und gewohnte Spiele und Muster offengelegt werden, viele Mitarbeiter unbewusst versuchen, vom Thema abzulenken, so dass sie persönliche Blockaden und hinderliche Verhaltensweisen gerade nicht anschauen müssen. Letzteres würde die Bereitschaft voraussetzen, hinter die mühsam aufgebaute, professionelle Fassade zu schauen. Das passt jedoch mit der aktuellen Unternehmenswelt nicht zusammen, in der ein Mitarbeiter zu funktionieren und eine Position zu bekleiden hat. Personalentwicklung der alten Garde fördert somit zwar oft kühle, distanzierte Professionalität, aber keine nahbare Menschlichkeit und Miteinander.

Auch das Erreichen von Entwicklungsquoten ist nicht zu unterschätzen. Gerade in Konzernen gibt es spezielle Vorgaben, dass jeder Mitarbeiter eine gewisse Anzahl an Entwicklungsmaßnahmen durchlaufen muss. Da wird Personalentwicklung zum Quotenrenner und zum Alibi, Hauptsache den Mitarbeitern wird irgendetwas angeboten.

Auf Nachfrage in Firmen, welche Personalentwicklungs-Maßnahmen für die Mitarbeiter verfügbar sind, sind unserer Erfahrung nach die drei häufigsten Antworten:

- „Keine."
- „Oh, wir hatten bisher keine Zeit, wirklich ein Entwicklungsprogramm für Mitarbeiter aufzusetzen. Bei uns passiert das eher sporadisch."
- „Wir haben einen Katalog an Standardmaßnahmen, die den Mitarbeitern in Absprache mit dem jeweiligen Vorgesetzten angeboten werden."

Die interessante Frage ist, wie Personalentwicklung aussehen könnte, damit ein Unternehmen in Zeiten schnellen Wandels effektiv und nachhaltig agieren kann. Was ist dafür notwendig? Wie würde ein *Edgeworker* Personalentwicklung gestalten?

Die Personalentwicklung der Zukunft – oder auch *Next Culture Personalentwicklung* – hat einen völlig neuen Ansatz. Während der traditionelle Ansatz zum Ziel hat, den bestehenden Unternehmenskontext und die Hierarchie beizubehalten und Mitarbeiter mit Wissen zu füttern, ist auch hier das Ziel des neuen Ansatzes, einen völlig neuen Kontext zu erzeugen, der auf radikaler Verantwortung der Mitarbeiter basiert, die ermächtigt sind. Darauf kommt es einem *Edgeworker* an. Er entwickelt Mitarbeiter anstatt sie zu managen. Das bedeutet konkret, dass er sie in die Lage versetzt, eigenverantwortlich zu handeln, beziehungsfördernd zu kommunizieren, kreativ und nichtlinear zu denken und möglicherweise Unternehmensstrukturen komplett zu verändern, weg von der Hierarchie, hin zu einem Netzwerk bzw. zu einer Galaxie-Struktur. Das könnte langfristig sogar dazu führen, dass keine klassische Personalentwicklungsabteilung mehr notwendig ist, da alle Mitarbeiter radikal verantwortlich agieren und ihr Handeln mit dem Team abstimmen und auf die Unternehmensvision ausrichten. Benötigen sie eine Entwicklungsmaßnahme, kümmern sie sich eigenverantwortlich darum.

Es ist in der aktuellen Übergangszeit allerdings notwendig, dass Mitarbeiter zunächst überhaupt ermächtigt und in die Lage versetzt werden, ihr Denken und Handeln neu auszurichten und radikale Verantwortung dafür zu übernehmen. Genau da liegt jedoch das Dilemma. Next Culture Personalentwicklung ermächtigt die Mitarbeiter, was dazu führen könnte, dass gewohnte Strukturen zusammenbrechen. Für machtfokussierte Führungskräfte kann genau dies eine Bedrohung sein, denn selbstbestimmte, verantwortliche Mitarbeiter sind weniger leicht als schlafende Schafe zu kontrollieren, denen man nur Vorgaben machen muss.

Und eines steht fest: Next Culture Personalentwicklung ist in erster Linie für diejenigen, die die Notwendigkeit der Veränderung sehen und wirklich bereit sind, entsprechende Schritte zu gehen. Sie ist für *Edgeworker* und jene, die bereit sind, sich deren Bewegung und Vision anzuschließen. Letztere wären in dem Fall laut der Kurve von Rogers die Gruppe der Erstanwender. Anstatt Mitarbeitern einer ganzen Abteilung aufzuerlegen, dass sie bestimmte Maßnahmen durchlaufen müssen, besteht der neue Ansatz darin, die Mitarbeiter zu fördern, die sich für Veränderung begeistern. Sie sind diejenigen, die anschließend weitere Mitarbeiter inspirieren, die gleichen Entwicklungsmaßnahmen zu durchlaufen. Menschen haben nicht nur unterschiedliche Geschwindigkeiten in Sachen persönlicher Entwicklung, sondern für viele bedeutet Veränderung auch Angst, das Altbekannte aufzugeben. Es braucht daher Vorreiter, die vorangehen und dann zurückkehren, um andere Kollegen zu inspirieren. Letzteres geschieht weniger durch Überzeugen als vielmehr dadurch, dass andere Mitarbeiter feststellen, dass die Personalentwicklungsmaßnahme einen neuen Kontext erzeugt und tatsächlich nachhaltige, positive Veränderung bewirkt.

Nachhaltige Veränderung kann jedoch nur in einem Menschen selbst passieren. Neue Entwicklungsmaßnahmen sind somit (r)evolutionär in dem Sinne, dass die Mitarbeiter an ihre persönlichen Blockaden kommen, diese sprengen, damit über sich hinauswachsen und neue Möglichkeiten für sich und das Unternehmen generieren können. Die Maßnahmen orientieren sich an der Notwendigkeit der Mitarbeiter. Somit kann es auch nur sinnvoll sein, Mitarbeiter eigenverantwortlich entscheiden zu lassen, ob sie tatsächlich diese Maßnahmen in Angriff nehmen möchten. Next Culture Personalentwicklung bedeutet, dass die Mitarbeiter unmittelbar erfahren, dass etwas Neues besser funktioniert als das, was sie bisher gemacht haben und somit Veränderung aus eigenem Antrieb entsteht. Im Gegensatz zum bisherigen rein intellektuellen Lernen ist ein Vier-Körper-Lernen notwendig (vgl. Kapitel 3), d.h. ein Experimentieren und Erfahren, das sich direkt im Körper verankert, so dass der Mitarbeiter neue Fertigkeiten direkt in seinen Arbeitsalltag integrieren kann. Doch dafür ist es eben notwendig, die persönlichen Muster anzuschauen und zu durchbrechen, was mitunter kurzfristig unbequem sein kann.

Next Culture Personalentwicklung ist nicht an Quoten und Zahlen interessiert, sondern am Menschen. Daran, dass ein Mitarbeiter seine Talente und sein volles Potenzial erschließt, seine eigene Autorität ist und klar Verantwortung übernehmen und Entscheidungen treffen kann. Die Entwicklungsmaßnahmen dienen sogenannten hellen Prinzipien wie Wachstum, Qualität, Gemeinschaft.

Die *Landkarte der Personalentwicklung* zeigt eine kurze Gegenüberstellung bisheriger und neuer Personalentwicklung für die Zeit des Übergangs:

LANDKARTE DER PERSONALENTWICKLUNG

Personalentwicklung TRADITIONELL	NEXT CULTURE Personalentwicklung
Ziel: Gewöhnlichen Kontext erhalten	Ziel: Neuen Kontext erzeugen, um völlig neue Resultate zu erzielen
Fokus liegt auf dem Unternehmen	Fokus liegt auf dem Mitarbeiter / Menschen
Rein intellektuelles Lernen	Vier-Körper-Lernen
Basiert auf Wissen und Logik	Basiert auf Experimentieren mit Neuem
Geschieht in einem gewöhnlichen Raum	Geschieht in einem ultra-sicheren Rahmen, der es erlaubt, Fehler zu machen
Basiert auf Lehren und Lernen	Basiert auf Erleben und Erfahren
Begrenzt auf das, was die Mitarbeiter verstehen können	Unbegrenzt, da nicht auf verbale Realität beschränkt
Mitarbeiter sollen kontrollierbar bleiben	Ermächtigung der Mitarbeiter
Linear	Nicht-Linear
Unverantwortlich	Verantwortlich
Gewöhnlich	(R)evolutionär
Unpersönlich	Persönlich
Einheitlich. für alle die gleiche Entwicklung	Individuell
Basierend auf einem wiederholbaren Konzept	Zugeschnitten auf die Notwendigkeit der Mitarbeiter
Erfolgt oftmals auf Vorgabe des Vorgesetzten	Absolut freiwillig Entscheidung der Mitarbeiter
Keine Eigenverantwortung	Absolute Eigenverantwortung
Fördert das Aufrechterhalten von Hierarchie- und Machtstrukturen	Fördert neue Unternehmensstrukturen
Bestätigung von dem, was bereits bekannt ist	Vorstoß in unbekannte Gebiete
Bequem für die Mitarbeiter. „Wasch mich, aber mach mich nicht nass" => Lösen persönlicher Blockaden und damit persönliche Veränderung ist nicht erwünscht	Lebendig und verändernd. Erschließt das Potenzial eines Mitarbeiters und fördert seine Talente
Entwicklungs-Quote erreichen	Nicht an Quoten orientiert, sondern an nachhaltigen Resultaten
Mitarbeiter-Entwicklung als Alibi, für das „gute Gewissen". Hauptsache, den Mitarbeitern wird irgendetwas angeboten	Mitarbeiter-Entwicklung als Chance, den kreativen Genius freizusetzen
Kein Einbeziehen in den Alltag. Keine Rückschau mit den Mitarbeitern	Sofortiger Einbezug in den Alltag. Anwendung und Review im Team
Auszeit auf Kosten der Firma	Wertvolle Investition in eigene Persönlichkeit
Dient meist unternehmerischen Schattenprinzipien (z. B. Profitsteigerung, Kundengewinnung im Gießkannenprinzip, Machtstrukturen erhalten)	Dient sogenannten hellen Prinzipien (z. B. Qualität, Teamwork, Gemeinschaft) und dem nachhaltigen und menschlichen Agieren
Fördert kühle, distanzierte Professionalität	Fördert nahbare Menschlichkeit
Fördert Wettkampf und Getrenntsein	Fördert Miteinander

Landkarte 34: Personalentwicklung

Glücklicherweise gibt es bereits Unternehmen, die anfangen, eine neue Art der Personalentwicklung zu praktizieren. Die Resultate, die sich bereits nach kurzer Zeit zeigen, sind erstaunlich:

- Zufriedene und inspirierte Mitarbeiter,
- Rückgang der Krankheitsraten,
- Innovative Ideen,
- Starker Zusammenhalt im Team und menschliche Verbundenheit,
- Vertrauen und Miteinander statt Konkurrenz,
- Hohe Flexibilität und kreative Lösungsfindung bei Herausforderungen,
- Hoher Verantwortungsgrad.

Und es funktioniert tatsächlich, dass die Entwicklungsmaßnahmen sich nach dem Schneeballprinzip von selbst auf weitere Mitarbeiter übertragen, da diese erkennen, dass in der Zusammenarbeit mit den Vorreitern völlig neue Resultate erzielt werden.

Die entscheidende Frage für ein Unternehmen in Zeiten schnellen Wandels ist also nicht nur, ob grundsätzlich Personalentwicklung zur Verfügung gestellt wird, sondern ob den Mitarbeitern, die bereit für Veränderung sind, Entwicklungsmaßnahmen angeboten werden, die sie ermächtigen, und die darüber hinaus ermöglichen, dass bisherige Unternehmensstrukturen und ganze Abteilungen zusammenbrechen, um neue, flexiblere, nachhaltige Strukturen zu schaffen.

Wie (r)evolutionär ist Ihr Unternehmen?

Kapitel 11:

Abschluss und Ausblick

Edgeworking unterscheidet sich in vielen Aspekten von bisheriger Führung bzw. bisherigem Leadership. *Edgeworking* geht weit über Leadership hinaus. Die *Landkarte von Leadership versus Edgeworking* zeigt noch einmal eine Gegenüberstellung der wichtigsten Aspekte.

Edgeworker werden in Zukunft eine tragende Rolle spielen. Vielleicht kommt Ihnen das eine oder andere in diesem Buch sehr neu vor. Einige Leser werden sogar berechtigterweise sagen: „Ja das ist Wunschdenken. So einfach ist das nicht, wenn eine Firma seit Jahrzehnten etabliert ist und feste Strukturen hat." Ja, korrekt. Dafür braucht es massives Umdenken bei allen Beteiligten und die Bereitschaft, radikale Verantwortung für sich und seinen Job zu übernehmen. Eine Veränderung dieser Größenordnung auch nur ansatzweise in einem bestehenden Konzern zu etablieren, verlangt ein neues Bewusstsein; ein Bewusstsein in jedem einzelnen Mitarbeiter, welches Spiel bisher gespielt wurde und welche neuen Möglichkeiten es gibt. Es geht darum zu erkennen, welche zwischenmenschlichen und manipulativen Dynamiken am Werk sind, und diese durch neue nachhaltige Soft Skills zu ersetzen, die einen hohen Grad an Klarheit und Verantwortung erzeugen und herkömmliche Verhaltensweisen verbessern und erweitern. Entscheidend ist dabei, die Mitarbeiter ins Boot zu holen und ihnen zu ermöglichen, eine neue Bewusstseinsebene durch Klarheit, Unterscheidungen und neue Fertigkeiten zu erreichen.

Die Krankheitsraten in den Unternehmen – insbesondere die rapide ansteigende Zahl von Burnout-Fällen – zeigen deutlich, dass eine Veränderung unabdingbar ist. Dafür braucht es Vorstände, Manager und Mitarbeiter, die den Mut haben, pionierhaft voranzugehen und zu *Edgeworkern* zu werden. Solch eine grundlegende Änderung kann sicher nicht von heute auf morgen erfolgen. Etablierte Unternehmen, die seit Jahren erfolgreich sind und eine an Wertschöpfung und Gewinn gemessene Strategie fahren, verhalten sich wie ein riesiger Tanker auf hoher

See. Wenn Sie solch ein Schiff ein rechtwinkliges Manöver fahren lassen wollen, dann fährt es aufgrund seiner Masse zunächst einmal einige Kilometer weiter geradeaus, bis es schließlich langsamer wird und der neu eingegebene Kurs greift.

LANDKARTE VON LEADERSHIP VERSUS EDGEWORKING

Leadership traditionell (Führen)	Edgeworking
Fremdorganisation des Teams	Selbstorganisation des Teams
Verbesserung, Optimierung	Veränderung, Transformation, Entwicklung
Anordnung & Kontrolle	Inspiration & Motivation
Richtlinien & Regeln	Vision & Kontext
Druck (Ziele, Vorgaben, Belohnung, Strafe)	Sog (Spirit, Vertrauen, Gemeinschaft, Coaching)
Vorgeben oder selbst machen	Raum halten
Alles wissen und können müssen	Intelligenz des Teams freisetzen
Einzelkämpfer	Kreative Zusammenarbeit
Prozesse & Standards	Schnelles Lernen & Innovation
Sach- und Profitorientierung	Menschen- und Bestimmungsorientierung
Analysieren	Erfinden
Lineares Denken & Handeln	Nichtlineares Denken & Handeln
Veränderungen reaktiv managen	Proaktiv Veränderungen herbeiführen
Limitierte Ressourcen managen	Ressource von Möglichkeiten sein
Dringlich/Kurzfristig	Langfristig/Nachhaltig
Risiken vermeiden	Chancen nutzen
Macht ausüben	Sinn stiften
Niederes Drama	Hohes Drama
Gefühle sind tabu	Gefühle werden verantwortlich und bewusst genutzt
Status/Ego getrieben	Visionsgetrieben
Herrschaft	Dienst
Dient unbewusst Schattenprinzipien	Dient bewusst hellen Prinzipien
Autokratische oder Mehrheits- Entscheidung	Nichtlineare Entscheidungsverfahren
Steht über dem Team	Ist Teil des Teams (Primus inter pares)
Ich gewinne – Du verlierst	Gewinnen geschieht
Erzeugt Anhänger, die ihre Verantwortung an Autorität abgeben	Erzeugt ermächtigte, verantwortliche Teampartner

Landkarte 35: Leadership versus Edgeworking

Wie gesagt, die Unternehmensstrategie grundlegend zu ändern, erfordert sehr viel Mut. Eine Neuausrichtung würde bedeuten, den gängigen Gesetzen des Wettbewerbs nicht mehr zu folgen, sondern einen neuen Unternehmenskontext und neue Unternehmenswerte zu etablieren. Ist so etwas überhaupt möglich? Ja, so etwas ist möglich. Wir hatten bereits die Gelegenheit, mit visionären Geschäftsführern mittelständischer Unternehmen zusammenzuarbeiten, die sich dem Projekt verschrieben haben, eine nachhaltigere, neue Struktur und Unternehmenskultur zu schaffen, in welcher der Fokus auf Menschlichkeit und der gemeinsamen Gestaltung liegt. Das heißt keineswegs, dass jede Firma diesem Beispiel stehenden Fußes folgen soll. Wie bereits erwähnt hat ein Ozeantanker ein Trägheitsmoment. Doch jede Richtungsänderung beginnt mit dem ersten Schritt. *Edgeworker* sind diejenigen, die diesen ersten Schritt gehen – und zwar dort, wo sie sich gerade befinden. Sie müssen kein Geschäftsführer oder Unternehmenseigner sein, um diesen ersten Schritt zu gehen. Als *Edgeworker* können Sie ebenso in Ihrer Abteilung mit Ihren Mitarbeitern und Kollegen diese (R) Evolution starten. Die komplette Demontage der Hierarchie ist erst der zweite Schritt. Erinnern Sie sich an die Worte von Buckminster Fuller: „Es geht nicht darum, das bestehende System zu bekämpfen. Vielmehr geht es darum, neue Wege aufzuzeigen und Möglichkeiten zu etablieren, die das bisherige System überflüssig machen."

Wie eine tragfähige, neue Struktur in einem Unternehmen im Einzelnen etabliert wird, wäre der Inhalt eines weiteren Buches. Es würde darum gehen, die Hierarchie schrittweise aufzulösen und stattdessen beispielsweise eine sogenannte galaktische Netzwerkorganisation aufzusetzen. Die *Landkarte von der Hierarchie zur Galaxie* soll Ihnen einen ersten Eindruck vermitteln, wie diese neue Struktur aussieht.

LANDKARTE VON DER HIERARCHIE ZUR GALAXIE

ALT: HIERARCHIE

Begrenzter Platz an der Spitze belohnt die Rücksichtslosen. Sorgt für selbstgemachte „Psychopaten" in Top-Positionen. 20 – 80% der Energie werden verwendet, um die jeweilige Position zu behalten.

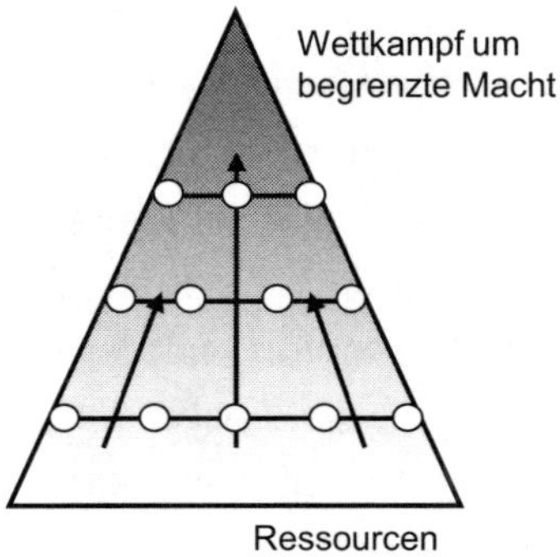

NEU: GALAXIE

Unbegrenzter Platz im Zentrum führt zu kreativer Zusammenarbeit und zur Ermächtigung der Mitarbeiter. Positionen werden zu Verantwortlichkeiten, flexibel und nichtlinear. Es geht nicht um Macht.

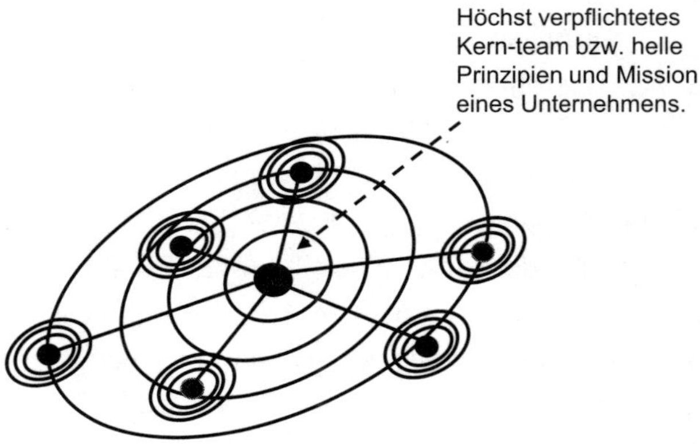

Eigenschaften von galaktischen Strukturen:

- Sich entwickelnde Organisationen, die auf einer Fülle von Kraft, organisatorischen Bedürfnissen und neuartigen Meeting Technologien basieren
- Optimiertes intellektuelles Kapital (Team-Intelligenz)
- Teams von *Edgeworkern*, die um Prinzipien kreisen statt starre, hierarchische Machtstrukturen
- Organisationen, die in einem sich schnell entwickelnden Umfeld gedeihen
- Aufgaben von Mitarbeitern sind nicht mehr auf einen Bereich beschränkt

Landkarte 36: Von der Hierarchie zur Galaxie

Die Veränderung des Unternehmenskontextes und der Unternehmensstruktur von einer Hierarchie zu einer co-kreierenden Galaxie-Struktur ist tatsächlich möglich. Wie das Vorwort von Angelika Nürnberger zeigt, sind die Farbenwerke Wunsiedel GmbH und MASTER TEC GmbH ein Beispiel dafür. Die *Abbildung des Galaxie-Modells* dieser beiden Firmen spiegelt dies noch konkreter und nachvollziehbarer wieder.

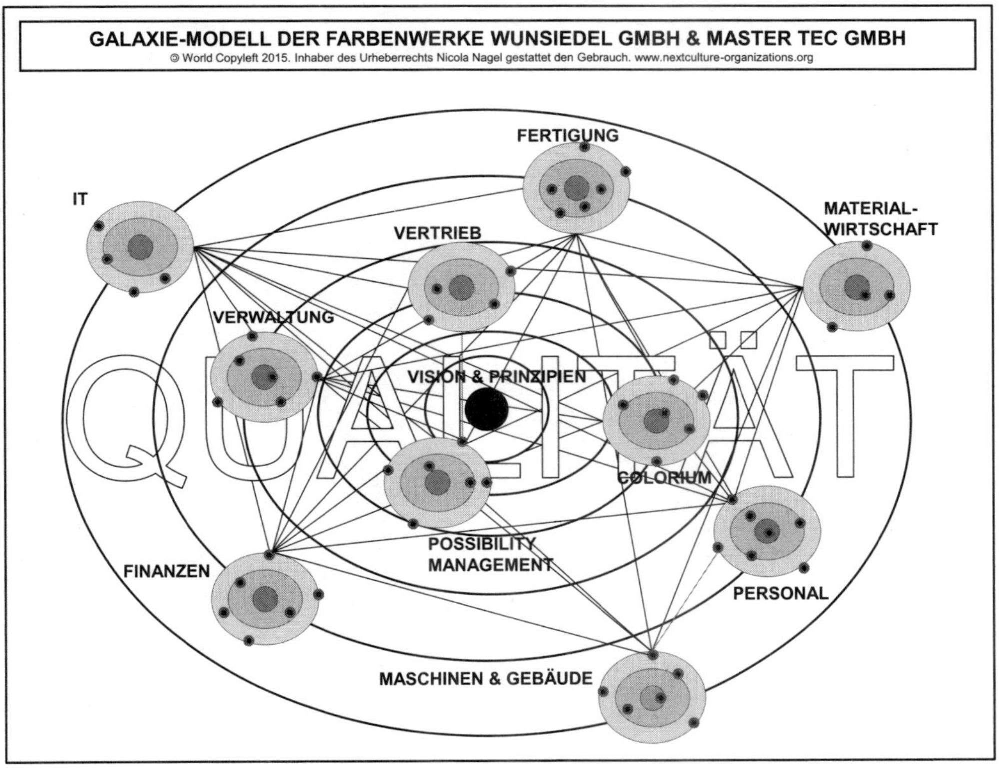

Abbildung 5: Galaxie-Modell der Farbenwerke Wunsiedel GmbH und MASTER TEC GmbH

Fakt ist jedoch, dass für diese Art der Veränderung in Unternehmen zunächst verantwortliche, inspirierte *Edgeworker* notwendig sind, die bereit sind, Risiken einzugehen, Pionierarbeit zu leisten, eine Bewegung zu initiieren und Teams zu weben. Schritt zwei – die Entwicklung einer Galaxie-Struktur in einem Unternehmen – kann nicht ohne Schritt eins – der Etablierung eines neuen Kontextes durch *Edgeworker* – erfolgen. Eine tragfähige Neuausrichtung und Umstrukturierung von Unternehmen beginnt auf der menschlichen Ebene.

Sind Sie bereit, ein *Edgeworker* zu sein und den ersten Schritt zu gehen?

www.nextculture-organizations.org

Index der Abbildungen

Abbildung 1: Historischer Abriss der verschiedenen Zeitalter, Dr. Robert Gilman 24

Abbildung 2: Übergang vom Zeitalter der Herrschaftskultur zur Planetaren Kultur, Dr. Robert Gilman 33

Abbildung 3: Everett Rogers Innovations-Adaptions-Kurve 40

Abbildung 4: Zusammenhang von System und Kontext, Dr. Robert Gilman 44

Abbildung 5: Galaxie-Modell der Farbenwerke Wunsiedel GmbH und MASTER TEC GmbH 183

Index der Landkarten

Landkarte 1: Drei Arten von Spiel - Teil 1 25

Landkarte 2: Parallele Kulturen 46

Landkarte 3: Verantwortung - Alte und neue Sicht 47

Landkarte 4: Neue Ergebnisse 49

Landkarte 5: Sich entwickelnde Landkarten 51

Landkarte 6: Aufbau von Matrix 54

Landkarte 7: Boxtechnologie 56

Landkarte 8: Flüssigzustand 59

Landkarte 9: Vier Körper 61

Landkarte 10: Spielwelten 68

Landkarte 11: Box- versus Bestimmungs-Orientierung 71

Landkarte 12: Niederes Drama 74

Landkarte 13: Drei Arten von Spiel – Teil 2 77

Landkarte 14: Positionen versus Prinzipien 79

Landkarte 15: Schnittstellen von Welten 83

Landkarte 16: Landkarte der Möglichkeit 87

Landkarte 17: Feedback und Coaching - Alte und neue Sicht 90

Landkarte 18: Schnelles Lernen 92

Landkarte 19: Lernspirale 95

Landkarte 20: Vier Gefühle - Alte Software 100

Landkarte 21: Vier Gefühle - Neue Software 105
Landkarte 22: Taubheitsschwelle - Alte Sicht 107
Landkarte 23: Taubheitsschwelle - Neue Sicht 108
Landkarte 24: Vermischung von Gefühlen 114
Landkarte 25: Angepasstes Verhalten versus Zentriert sein 119
Landkarte 26: Raumhalten für ein Team / Projekt 123
Landkarte 27: Vier Arten des Zuhörens 134
Landkarte 28: Sechs Arten des Sprechens 139
Landkarte 29: Kommunikation und Vollendungsschleife 142
Landkarte 30: Problembesitztum 160
Landkarte 31: Konflikte - Alte und neue Sicht 163
Landkarte 32: Akzeptanz 167
Landkarte 33: Entstehung einer Bewegung 170
Landkarte 34: Personalentwicklung 175
Landkarte 35: Leadership versus Edgeworking 180
Landkarte 36: Von der Hierarchie zur Galaxie 182

Quellenverzeichnis

- Callahan Clinton, Die Kraft des bewussten Fühlens, 2. Auflage, Next Culture Press, 2014
- Gilman Robert Dr., Vortrag What Time Is It? The Foundation Stones Project, 12. Februar 2014, www.context.org
- Gordon Thomas, Familienkonferenz, Heyne Verlag, 2012
- Karpman Stephen Dr., Drama Triangle, http://www.karpmandramatriangle.com
- Kübler-Ross Elisabeth, *Über den Tod und das Leben danach,* 10. Auflage, Silberschnur Verlag, Güllesheim 2002
- Rick Lewis, 7 *Rules You Were Born To Break*, Break a Rule Publishing, Vancouver 2010
- Rogers, Everett M., *Diffusion of innovations*, 5. Auflage, Free Press, New York, NY 2003
- Seifert, Matthias *Vertrauensmanagement in Unternehmen. Eine empirische Studie über Vertrauen zwischen Angestellten und ihren Führungskräften*, Zeitschrift für Personalforschung, 16. Jg., Heft 3, 2002

Index der Schlüsselwörter

A
Akzeptanz 111, 167
  falsche 167
Anpassung 117
Authentizität 167

B
Bestimmung 69
Bestimmungsorientierung 69, 71
Bewegung 168
Bewusstheit 80
Box 54
Boxorientierung 53, 69
Budget 38
Burnout 114

C
Change Prozess 109
Coaching 90, 151

E
Edgeworker 18
Edgeworking 180
Ergebnis
  neue Ergebnisse 49
Ernächtigung 171
Erwartung 148

F
Feedback 89, 90, 91, 151
  Feedback-Kultur 89, 151
  tragfähige Feedback-Kultur 89
Flüssigzustand 58

G
Galaxie-Struktur 182
Gefühle 99, 106, 114
  vermischte 112
Generation Y 37
Geschichten 85
Gewinnen geschieht 77
Gremlin 72, 80
Grenzen
  Grenzen setzen 102, 152

H
Hierarchie 23

I
Inkompetenz 95
  bewusste 95
  unbewusste 95

K
Kommunikation 127, 128, 140
  4 Arten des Zuhörens 128
  12 Strassensperren 143
  Unternehmenskommunikation 146
  Vollendungsschleife 140
Kompetenz 95
  bewusste 95
  unbewusste 95
Konflikt 157, 161
Konkurrenz 25
Konsumverhalten 35
Kontext
  neuer Kontext 43, 45
Kontrolle 28, 36, 147
Krankheitsrate 36
Kultur
  parallele 45

L
Leadership 179
Legende
  Lengende erzeugen 168
Lernspirale 95
Lob 149

M
Management-Kultur
  gewöhnliche 23
Matrix 53
Metagespräch 78
Möglichkeit 87

N
Niederes Drama 72, 78

P
Patriarchat 23
Personalentwicklung 171
  alt und neu 175
Position 75
  Verhaftung 75
Possibility Management 19
Prinzipien 70, 78
  Helle Prinzipen 70, 78
  Schattenprinzipien 70, 80
Problem 157
  Problembesitztum 157
Profit 38

R
Raumhalten 117, 121, 122
Raumhalter 117, 121, 122

S
Schnelles Lernen 92
Spiel
  3 Arten von Spiel 25, 65, 72, 77
Spielwelten 65, 68
Stress 115

T
Taubheitsschwelle 106, 107, 108
Team 122

U
Übergang 33
Unternehmensstruktur
  Galaxie 181
Unterwelt 80

V
Veränderung 34, 59
  5 Schritte zur Anpassung 109
Verantwortung 47
Verhalten
  Angepasstes Verhalten 117
Vertrauen 147
Vision 168

W
Wachstum 34
Welten
  Unterwelt 80
Wertschätzung 149
Wettkampf 25

Z
Zentriert sein 117, 119, 120

Der Verlag Next Culture Press

Next Culture Press verlegt ausgewählte Bücher von ausgesuchten Autoren, die wohlüberlegt beabsichtigen, das nahezu unvorstellbare persönliche und kollektive Potential der Menschheit für eine positive und regenerative Zukunft freizusetzen.

Unsere Bücher vermeiden es, darüber Beschwerde zu führen, was nicht funktioniert, und weigern sich, zu proklamieren, was die „Autoritäten“ ändern sollten. Stattdessen weben unsere Bücher überraschende neue Unterscheidungen in Ihren energetischen Körper, was die Effektivität Ihrer persönlichen Experimentierfreude verstärkt. Es wird nicht lange dauern, bevor Sie sich im Genuss eleganter und spielerischer neuer Lebens- und Beziehungsarten wiederfinden, ohne dabei eine bestimmte Philosophie, Religion, politische Partei oder therapeutische Methode zu verfolgen. Durch die Autorisierung Ihrer eigenen Aktionen bewirken Sie plötzlich den exakten Wandel, den Sie sehen wollen.

Weitere empfohlene Bücher:

Clinton Callahan
Die Kraft des bewussten Fühlens
Ein Handbuch, um näher an Ihrer eigenen Wahrheit zu leben

Originaltitel: Directing The Power of Conscious Feelings
Dt. Übersetzung: Marion Callahan
Verlag: Next Culture Press
Softcover: 316 Seiten
2. Auflage: Januar 2014
ISBN: 978-3-9814543-1-4
€ 20,--

Die Vorstellungen, die uns die moderne Kultur über Gefühle gibt, sind so verzerrt, dass wir „sich gut fühlen“ gleichsetzen mit „nichts fühlen“. Wir wollen uns eigentlich gar nicht glücklich fühlen. Wir wollen uns taub fühlen.

Die derzeitigen globalen Krisen und das allgemeine Versagen des scheinbar intelligenten Menschen, eine tragfähige Zukunft für sich zu schaffen, spiegeln ein tiefes Abgetrenntsein von unseren eigenen Gefühlen wider. Die Idealisierung des starken, gefühllosen Helden könnte die menschliche Rasse auslöschen.

Das Buch nimmt den Leser an die Hand und sagt: Die persönliche Wahl, gefühllos zu sein, könnte unbewusst getroffen worden sein. Doch in diesem Moment können Sie Ihre Meinung ändern und lernen, bewusst zu fühlen. Und dann zeigt es Schritt für Schritt wie.

Clinton Callahan
Abenteuer Denken
52 Abenteuerreisen zu größeren Möglichkeiten

Originaltitel: Wild Thinking
Dt. Übersetzung: Marion Callahan
Verlag: Genius Verlag, Bremen
Gebundene Ausgabe: 203 Seiten
2. Auflage: Oktober 2007
ISBN: 978-3-934719-23-1
€ 14,80

Es spielt keine Rolle, wie alt Sie sind, welchen Beruf Sie ausüben, worin Ihre bisherige Ausbildung bestand oder als was Sie sich selbst bezeichnen – die in diesem Buch enthaltenen Ideen werden Ihren Geist neu verkabeln.

Mit diesem Buch laden Sie eine neue menschliche Software in Ihren Kopf herunter, die Ihnen Handlungsmöglichkeiten eröffnet, die Sie vorher nicht hatten.

Wenn Sie Ihre gegenwärtige Ideenwelt mögen und sie nicht verändert wissen wollen, warnen wir Sie: **Lesen Sie dieses Buch nicht!**

Weitere Informationen unter www.nextculturepress.org.

Abenteuer Denken ebenfalls als Hörbuch erhältlich

Gesprochen von: Marion Callahan
5 Audio-CDs in aufklappbarer Pappschachtel
Lauflänge: 5, 52 Std.
Verlag: Next Culture Press
1. Auflage: 2011
ISBN: 978-3-9814543-0-7
€ 20,--

Clinton Callahan

Wahre Liebe im Alltag
Das Erschaffen authentischer Beziehungen

Originaltitel: Radiant Joy Brilliant Love
Dt. Übersetzung: Marion Callahan
4. Auflage: März 2015
ISBN: 978-3-9814543-5-2
€ 25,--

Dieses äußerst kritische und innovative Buch sagt dem Schwindel über Liebe und Intimität, der in der heutigen patriarchalen Kultur wild um sich greift, den Kampf an. Gleichzeitig lässt es einen allmählichen Prozess erkennen, um andere Möglichkeiten zu entdecken und zu leben.

Warnung: Dieses Buch ist ein Initiationsprozess, der Sie zu einem Leben in persönlicher Verantwortung und Konsequenz ermächtigt.

Nehmen Sie sich in Acht. Sie arbeiten nicht mit diesem Buch – dieses Buch arbeitet mit Ihnen. Eigentlich ist es gar kein Buch. Es ist ein Ideensturm, ein Schwarm memetischer Viren. Diese Ideen schwirren durch jede Ebene Ihres Denkens und ersetzen unersättlich alle Vorstellungen, die nicht so klar sind wie die neuen Ideen. Ihr Verstand wird dieses Buch nicht verdauen. Dieses Buch wird Ihren Verstand verdauen.

Wenn Sie nicht wollen, dass sich Ihre derzeitigen Vorstellungen über Beziehung einer ernsthaften Neuordnung unterziehen, dann lesen Sie dieses Buch nicht.

Brad Blanton
Radikal ehrliche Elternschaft
Sieben Schritte zu einer funktionsfähigen Familie in einer nicht funktionsfähigen Welt

Originaltitel: Radical Parenting
Dt. Übersetzung: Marion Callahan
Verlag: Next Culture Press
Softcover: 328 Seiten
Deutsche Erstausgabe: Oktober 2014
ISBN: 978-3-9814543-2-1
€ 20,--

Unverblümt räumt Brad Blanton mit der moralistischen und glaubensverhafteten Denkweise auf und geht direkt zur Wurzel allen Leids.

Es ist ein Buch zur Kindererziehung, aber wie können wir Kinder erziehen, wenn wir als Eltern nicht zuerst aus dieser Denkweise aussteigen, nicht zuerst uns selbst genauer unter die Lupe nehmen? Wollen wir weiterhin Tipps austauschen und Symptomerleichterung anstreben?

Brad nimmt kein Blatt vor den Mund, spricht die Dinge direkt an. Es ist gefährlich, dieses Buch zu lesen, denn die eigene, wohlvertraute Denkwelt wird heftig durcheinandergeschüttelt. Und je größer der Blick hinter die Kulissen, desto schmerzhafter wird es, mit der alten Verhaltensweise fortzufahren.

Gibt es denn wahre Veränderung ohne Perspektivenwechsel?